Tim Bartlett

Elektronische Yachtnavigation

Radar • GPS • Kartenplotter
Computer • Fluxgate-Kompass • Echolot

Delius Klasing Verlag

Copyright © Tim Bartlett 2005
Die englische Originalausgabe mit dem Titel
»The Adlard Coles Book of Electronic Navigation« erschien 2005
bei A & C Black Publishers Limited, London.

Bibliografische Information der Deutschen Nationalbibliothek
Die Deutsche Nationalbibliothek verzeichnet diese Publikation in der
Deutschen Nationalbibliografie; detaillierte bibliografische
Daten sind im Internet über http://dnb.d-nb.de abrufbar.

1. Auflage
ISBN 978-3-87412-179-8
Die Rechte für die deutsche Ausgabe liegen bei der
Delius Klasing Verlag GmbH, Bielefeld

Aus dem Englischen von Dr. Martin Friederichs
Folgende Firmen stellten dankenswerterweise Abbildungen zur Verfügung:
Garmin/GPS GmbH, München: Seiten 29, 32 unten
Mastervolt/Nordwest-Funk, Emden: Seite 97
Northstar: Seite 101
Panasonic, Düsseldorf: Seite 96
Raymarine/Eissing KG, Emden: Titelfoto und Seiten 27, 30,
32 Mitte links und Mitte rechts, 95, 99, 119 links und rechts
Umschlaggestaltung: Ekkehard Schonart
Druck: Kunst- und Werbedruck, Bad Oeynhausen
Printed in Germany 2007

Alle Rechte vorbehalten! Ohne ausdrückliche Erlaubnis
des Verlages darf das Werk, auch nicht Teile daraus, weder
reproduziert, übertragen noch kopiert werden, wie z. B.
manuell oder mithilfe elektronischer und mechanischer
Systeme inklusive Fotokopieren, Bandaufzeichnung und
Datenspeicherung.

Delius Klasing Verlag, Siekerwall 21, D-33602 Bielefeld
Tel.: 0521/559-0, Fax: 0521/559-115
E-Mail: info@delius-klasing.de
www.delius-klasing.de

Inhalt

Elektronische Navigation – eine Notwendigkeit? 9
Fallbericht 1: die KISHMUL OF AYR 9
Fallbericht 2: die WAHKUNA 11

Neue Lösungen – neue Probleme 13
Die Gestalt der Erde 13
Breite und Länge 14
Das Kartendatum 16
Die GPS-Höhe 17
Fehler? – verschiedene Fehler! 18
Verschiedene Genauigkeiten 20
Dilution of Precision (DOP) 21
Messfehler 23

Hardware, Software und Daten 25
Mensch-Maschine-Schnittstelle 26
Bedienung 26
Menüs und Softkeys 30
Bildschirme (Displays) 31
Displaygrößen 37
Schnittstellen zwischen den Geräten 37
Serielle Schnittstellen 38
Spannung an Schnittstellen 39
NMEA 0183 40
Die fünf Regeln für NMEA-Verbindungen 43

Was ist GPS? 45
Die Funktionsweise 45
GPS-Zeit 47
Die Satelliten 47
Zweidimensionale (2-D-)Positionen 48
Politik, Codes und Genauigkeit 50

Die Genauigkeit von GPS verbessern 51
Differential GPS (DGPS) 53
Andere Satellitenverfahren 56

GPS in der Praxis 57
Initialisierung 57
Set-up-Optionen 58
Standardanzeige 60
Wegpunkt-Navigation 61
Die seemännische Sorgfalt gebietet... 62
Routennavigation 63
Routen und Wegpunkte unterwegs 65
Mit Wegpunkten die eigene Position verfolgen 68
Kreuzen 71
GPS zur Ansteuerung 75
Wegpunkt-Regeln 75

Elektronische Seekarten 78
Position nach Vorschrift 78
Rasterkarten 79
Vektorkarten 82
Routenplanung auf der elektronischen Seekarte 87
Zusätzliche Module 90
Kurs durchs Wasser mit Kopfrechnen oder Taschenrechner 93

Computer an Bord 95
Laptop 95
Bordcomputer 95
Stromversorgung 96
Wechselrichter/Inverter 97
Bildschirm und Bedienung 98
Ein Blick in die Zukunft 98

Echolote 100
Funktionsweise 100
Falsche Echos 102
Digitale Echolote 102
Frequenzen 103
Vorausschauendes Echolot 104
Einbau von Echoloten 105
Das Echolot kalibrieren 109

Das Log 111
Funktionsweise 111
Das Log einbauen 113
Das Log kalibrieren 114

Der elektronische Kompass 117
Funktionsweise 117
Einbau 118
Automatisches Kompensieren 120
Hinweise zum Kalibrieren 121

Das Radargerät – Funktionsweise 122
Das Prinzip 122
Hauptbestandteile 123
Das Bildgerät 131
Stromverbrauch und Sicherheit 132

Das Bildgerät – Einstellungen 134
Einschalten und Einrichten 134
Feineinstellungen für das Bild 139
Bildstabilisierung 143
Messhilfen 147

Das Radarbild – was ist zu sehen? 151
Abgeschattete und tote Sektoren 151
Was zeigt das Radarbild? 154
Radarreflektoren 156
Die Radar-Querschnittsfläche 158
Radartransponder 159
Falsche Echos 160
Wetterbedingungen 163

Radar zur Kollisionsverhütung 166
Radar und die Kollisionsverhütungsregeln (KVR) 166
Plotten: Papier oder Bildschirm? 168
Die Gefahr beurteilen 169
Closest point of Approach (CPA) – (kürzester) Passierabstand 169
Kurs und Geschwindigkeit bestimmen 171
Radarplotting für Fortgeschrittene 177
Warnzonen 180
ARPA und MARPA 181

Radarnavigation 184
Standortbestimmung aus Radarabständen 188
Gemischte Standortbestimmung 190

Elektronische Navigation – eine Notwendigkeit?

Menschen befahren die Küstengewässer und Ozeare seit Jahrhunderten. Wenn man einige Traditionalisten hört, sollte man meinen, es habe sich in all der Zeit wenig geändert: Die Wikinger seien schon mit Log, Lot und Kompass gesegelt, und der Besitz eines Sextanten schaffte eine ungebrochene Verbindung zu den Himmelsbeobachtungen der alten Polynesier.
Die Wahrheit ist ganz anders. Die astronomische Navigation, die von einem Sporthochseeschiffer oder Yachtmaster des 21. Jahrhunderts erwartet wird, ähnelt erstaunlich wenig derjenigen, die noch während des Zweiten Weltkrieges auf dem Nordatlantik praktiziert wurde. Letztere unterschied sich wiederum deutlich von der Astronavigation des 19. Jahrhunderts. Und die einzige Gemeinsamkeit dieser Verfahren mit den noch älteren, die es vor Harrisons Erfindung des Chronometers gab, ist die Tatsache, dass Sonne und Sterne beobachtet werden.
Zweifellos ist der Kompass das wichtigste Navigationsinstrument. Noch immer werden die allermeisten Yachten einen Magnetkompass haben, den sicher auch Sir Francis Drake als solchen erkennen könnte, auch wenn ihm die Gradeinteilung etwas sonderbar vorkäme (wie wahrscheinlich allen Seefahrern vor dem 20. Jahrhundert).
Weniger als 100 Jahre vor Drake hatte Kolumbus einen Kompass. Für ihn war die Technik neu, und er betrachtete sie mit Misstrauen. Wie die meisten Navigatoren seiner Zeit vermutete er, dass eine unbekannte Kraft die Kompassnadel auf den Stern der Jungfrau Maria richtete.
Elektronische Navigation ist nicht ganz so neu, wie man denken könnte, und vielleicht ist die traditionelle Navigation auch nicht ganz so traditionell.

Fallbericht 1: die KISHMUL OF AYR

Es war bereits spät im Oktober 1999, als die Yacht KISHMUL OF AYR von einer Herbstreise nach Guernsey und Cherbourg ihre Rückfahrt Richtung Plymouth antrat. Eigentlich war geplant, Cherbourg am Samstag zur Mittagszeit zu verlassen. Die Wettervorhersage am Freitagabend veranlasste die fünfköpfige Crew jedoch, schon um Mitternacht auszulaufen, in der Hoffnung, den Heimathafen noch vor den Ausläufern eines vom Atlantik herannahenden Tiefdruckgebietes zu erreichen. Es sollte anders kommen. Als die Wellenbrechermole vor Plymouth in Sicht kam, hatte der Wind schon auf 7 bis 8 Beaufort zugenommen. Es war bereits dunkel,

Elektronische Navigation – eine Notwendigkeit?

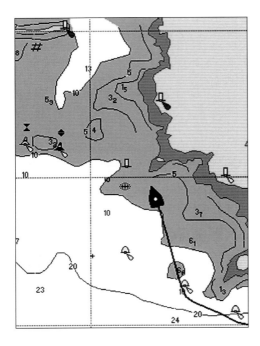

Hätte solch eine Darstellung auf einem Seekartenplotter das Schicksal der KISHMUL verhindern können?

und während der rauen kalten Fahrt waren einige Crewmitglieder seekrank geworden; vermutlich waren sie müde und durchgefroren, einschließlich des Skippers, der die vorangegangenen vier Stunden am Ruder verbracht hatte.

Ein Mitglied der Untersuchungskommission berichtet: »Es war nicht möglich zu ermitteln, was der Skipper genau geplant hatte, als er auf dem Weg in die geschützte Bucht war. Aber zumindest hatte er die Absicht, sich seewärts der gelben Tonnen eines Schießgebietes vor dem Great Mew Stone zu halten.« Wahrscheinlich wollte er dem Tonnenstrich in Richtung Nordwesten folgen, bis er den Kurs nach Steuerbord ändern könnte, auf die Osteinfahrt des Plymouth Sound zu. In diesem Fall kann er versehentlich die mittlere der Tonnen für die westlichste gehalten haben, denn er änderte den Kurs zu früh. Nur wenige Minuten später, kurz vor 20:00 Uhr, lief die KISHMUL gegen die unbeleuchtete Untiefe Renny Rocks, wo sie sehr bald leckschlug. Drei der Crewmitglieder konnten von einem Hubschrauber abgeborgen werden, eine vierte Person schaffte es, sich an Land zu retten. Der Skipper starb, seine Leiche wurde am folgenden Tag gefunden. In einer Fußnote des Unfallberichts stand, dass noch das GPS-Gerät der KISHMUL geborgen wurde. Es enthielt genügend Daten, um den Weg zu rekonstruieren, den die KISHMUL in ihren letzten Minuten zurückgelegt hatte. Mit anderen Worten, das GPS-Gerät lieferte eine zuverlässige Kursanzeige für Skipper und Crew. Ohne den Kurs allerdings auf einer Karte zu verfolgen, konnte die Crew die Bedeutung dieser Information nicht erkennen. Angenommen, die KISHMUL hätte im Cockpit einen Kartenplotter gehabt mit einer Darstellung wie in der Abb. links. Hätte der Skipper dann den gleichen Fehler begangen? Aber auch ohne einen Kartenplotter, der 1999 noch ein recht teurer, wenn auch schlichter Luxus war, hätte es Möglichkeiten gegeben, sich zu helfen. Ein Wegpunkt-Netz oder eine Grenzpeilung (Erklärung ab Seite 57) hätte die Lage klären können.

Fallbericht 2: die WAHKUNA

Kurz vor 21:00 Uhr am Abend des 27. Mai 2003 verlässt das 270 Meter lange Containerschiff P&C NEDLLOYD VESPUCCI den Hafen von Antwerpen mit dem Ziel Port Said. Acht Stunden später verlässt die 47-Fuß-Yacht WAHKUNA den Ort Diellette an der Halbinsel von Cherbourg mit Kurs Richtung Solent. Die Bedingungen sind zunächst günstig, mit leichtem Wind und ruhiger See, doch gegen 09:00 Uhr am nächsten Morgen liegt im mittleren Teil des Englischen Kanals dichter Nebel. Die WAHKUNA läuft unter Maschine mit etwa sieben Knoten Richtung Norden, bei einer Sicht, die von der Crew auf 50 Meter geschätzt wird. Währenddessen läuft die NEDLLOYD VESPUCCI Richtung Westen. Die Wache kann von der Brücke aus nicht einmal den eigenen Bug sehen, aber – wie die meisten anderen Schiffe, die zur selben Zeit das Seegebiet befahren – der Frachter macht seine üblichen 25 Knoten Fahrt. Um 10:45 Uhr sind beide Fahrzeuge sechs Seemeilen voneinander entfernt. Jeder kann den anderen auf seinem Radarschirm sehen. Die Yacht, so zeigt es der automatische Radarplotter des Frachters, müss-

Elektronische Navigation – eine Notwendigkeit?

te etwa eine Seemeile vor dessen Bug passieren, und etwas später sollte sich die Yacht dann an der Steuerbordseite der VESPUCCI befinden, etwa eine Viertelseemeile entfernt. Die Crew auf der Yacht WAHKUNA hingegen sieht ein großes Radarziel auf dem Bildschirm, dessen Abstand sich innerhalb von fünf Minuten von 6 auf 3 Seemeilen verringert, ohne dass sich die Peilung zu ändern scheint. In der Annahme, auf Kollisionskurs zu sein, entscheidet sich WAHKUNAS Skipper, mit der Fahrt runterzugehen, um das andere Fahrzeug vorn passieren zu lassen. Wenige Minuten vor 11:00 Uhr hört die Crew der WAHKUNA ein Schallsignal und sieht den Bug eines Schiffes aus dem Nebel auftauchen. Die nachfolgende Kollision reißt den Mast der WAHKUNA und drei Meter von deren Bug weg. Ein Sinken der Yacht ist sicher, aber durch volle Fahrt achteraus gelingt es dem Skipper, den Wassereinbruch so weit zu verlangsamen, dass sich alle noch vorher in die Rettungsinsel begeben können. Auf der Brücke der VESPUCCI ist man währenddessen überzeugt, dass es nach einem »Beinahe-Zusammenstoß« noch mal gut gegangen ist. Mit unveränderter Geschwindigkeit läuft das Schiff weiter in den Nebel hinein.

In der ausgewogenen Beurteilung durch die Havariekommission wurde keiner der Beteiligten besonders herausgehoben. Beiden Parteien wurde vorgeworfen, ihre Entscheidungen aufgrund ungenügender Radarinformationen getroffen zu haben und die Möglichkeiten und Grenzen ihrer Ausrüstung nicht richtig verstanden zu haben.

Neue Lösungen – neue Probleme

Vor 50 Jahren wäre dieses Kapitel überflüssig gewesen. Sogar vor 20 Jahren noch hätte es recht pedantisch gewirkt. Damals benötigten Navigatoren, vor allem auf Yachten, zur Ermittlung ihrer Position einen nicht unerheblichen Zeitaufwand, ohne dabei eine besonders hohe Genauigkeit zu erwarten. In der Küstennavigation reichte es meist, den Standort auf einige Hundert Meter genau zu wissen, auf dem Ozean konnte der Fehler auf mehrere Seemeilen anwachsen.
Diese Ungenauigkeiten bedeuteten, dass es nicht nötig war, sich um genaue Begriffe zu bemühen, wenn von Positionsbestimmungen die Rede war. Breite und Länge waren Winkel, die von Erdmittelpunkt und Erdachse aus gemessen wurden, und für die Praxis war das ausreichend genau.
Genauigkeit und Präzision waren Begriffe, die als Synonyme betrachtet wurden. Wenn man seinen Standort genau bestimmt hatte, wusste man präzise, wo man war.
Das kann inzwischen nicht mehr gelten. Einfache Annahmen wie »die Welt ist rund« reichen nicht, wenn Navigationssysteme einen Standort weltweit auf wenige Meter genau liefern sollen.

Die Gestalt der Erde

Vergessen Sie, was Sie in der Schule gelernt haben! Die Erde ist nicht rund! Sie ist nicht einmal ein Rotationsellipsoid, und sie dreht sich nicht in genau 24 Stunden

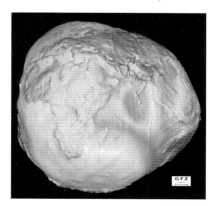

Die Erde hat genau genommen keine ebenmäßige geometrische Form. Diese Computerdarstellung zeigt übertrieben die Höhen und Senken des Geoids. Ostafrika liegt in der Mitte, Großbritannien in der Ausbeulung oben links.

um ihre eigene Achse. Sie ist ein unregelmäßig verformbarer Ball aus Stein und Wasser, der sich wabernd seinen Weg durchs All bahnt. Die Erde ist an den Polen abgeflacht, im Indischen Ozean nach innen und im westlichen Pazifik und Nordostatlantik nach außen gebeult. Sie hat zahlreiche Höhen und Senken in Form von Bergen, Tälern und Meeren. Die Lage ihrer Rotationsachse ändert sich ständig, und die Umdrehungsgeschwindigkeit hat sich während der letzten paar Milliarden Jahre allmählich verringert.

Breite und Länge

Eine bestimmte Stadt oder Siedlung in einem Straßenatlas zu finden ist wie das Stecknadelsuchen in einem Heuhaufen. Um die Suche zu erleichtern, fügt der Hersteller dem Atlas einen Index hinzu. Dort findet man nicht nur die richtige Seite, sondern auch Angaben, wo man auf der Seite ungefähr suchen muss; meist sind die Seiten in Netze aus Quadraten eingeteilt.
Ist die Stadt Poole z. B. auf Seite 8D3, bedeutet das: Seite 8, viertes Quadrat von links (Spalte D) und 3 Quadrate von unten (Reihe 3).
Breite und Länge dienen dem gleichen Zweck, indem sie ebenfalls Angaben für eine bestimmte Position liefern. Der wesentliche Unterschied, der sie so nützlich macht, besteht in der weltweiten Anwendbarkeit. Sie orientieren sich an festgelegten Bezugspunkten, anstatt als willkürliche Linien auf der Seite eines bestimmten Buches zu erscheinen.
Die offensichtlich am besten geeigneten Punkte für ein Referenzsystem sind die Endpunkte der Erdrotationsachse, also Nord- und Südpol. Genau in der Mitte zwischen den Polen, dort, wo die Erde am »dicksten« ist, verläuft der Äquator. Er bildet die Basislinie zur Bestimmung der Breite. Die formale Definition für die Breite eines Ortes ist: »Der Winkel zwischen der Senkrechten zur Erdoberfläche an dem Ort und der Äquatorebene.« Das mag etwas schwierig zu verstehen sein, weshalb es eine andere übliche Definition gibt, wonach die Breite als »Abstand vom Äquator, gemessen als Winkel am Mittelpunkt der Erde« bezeichnet wird.

Die Gestalt der Erde

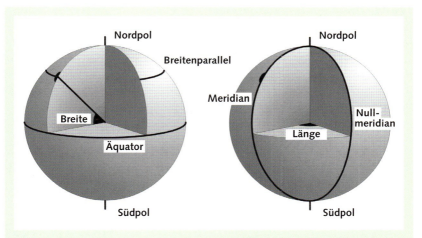

Die einfachen traditionellen Definitionen von Breite und Länge beziehen sich auf Winkel, die am Erdmittelpunkt gemessen werden.

Verbindet man auf der Erdoberfläche alle Punkte gleicher Breite rund um die Erde, so erhält man eine Kreislinie, die parallel zum Äquator verläuft, Breitenparallel oder Breitenkreis genannt. Für die Längengrade gibt es offensichtlich keinen entsprechenden natürlichen Bezugspunkt. Von Pol zu Pol ließen sich beliebig viele Halbkreise ziehen, auch Meridiane genannt, alle schnitten sie den Äquator, ohne dass man einen bestimmten herausheben könnte. Aus historischen Gründen hat man sich zur Orientierung auf den Meridian geeinigt, der durch ein bestimmtes Teleskop der alten Sternwarte von Greenwich verläuft. Er wird als Nullmeridian bezeichnet, von dem aus die anderen nach Ost und West gezählt werden. Der große Haken an der Sache ist, dass dieses Konzept der Länge und Breite von einer unveränderlichen Lage der Pole und des Äquators ausgeht und eine gleichförmige und recht einfache Gestalt der Erde voraussetzt.

Das Kartendatum

Die meisten Messverfahren zur Berücksichtigung der ungleichförmigen Erdgestalt sind noch recht neu. Im Laufe der Zeit haben Mathematiker und Kartografen verschiedene Definitionen für die Oberflächenform der Erde entwickelt. Vermesser und Navigatoren haben sich währenddessen immer an dem orientiert, was ihnen gerade zur Verfügung stand – z. B. Sextantmessungen von Gestirnshöhen über dem Horizont.

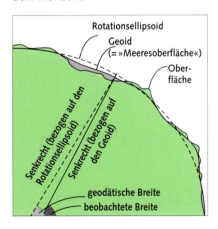

Bis vor Kurzem nutzten Seeleute und Vermesser die Meeresoberfläche, um »horizontal« oder »vertikal« zu definieren. Dadurch bekamen verschiedene Orte einen unterschiedlichen Mittelpunkt als Basis der Breiten- und Längenbestimmung.

Ohne es zu merken, gingen sie bei ihrer Positionsbestimmung von verschiedenen Erdmittelpunkten aus. Wir haben also eine ganze Reihe unterschiedlicher Gradnetze mit jeweils eigenem Längen- und Breitenbezug, dem sogenannten horizontalen Datum.

Alle gebräuchlichen Geräte zur Satellitennavigation benutzen heute in der Standardeinstellung ein gemeinsames Kartendatum, das WGS84. Die meisten bieten aber auch andere Einstellungen an, um eine Anzeige für das Datum der gerade verwendeten Karte zu wählen.

In europäischen Gewässern begegnet man vor allem:
- *European Terrestrial Reference System* (ETRS89), das mit dem WGS84 übereinstimmt

- *European Datum* (ED50) in älteren Karten für Europa und die Kanalinseln
- *Ordnance Survey Great Britain* (OSGB36) in älteren Karten britischer Gewässer.

Die Unterschiede im Datum variieren an verschiedenen Orten, liegen aber typischerweise im Bereich von 100 bis 200 Meter.
Alle Seekarten sollten einen einfachen Hinweis zur Umrechnung ihres Datums auf das System WGS84 enthalten.
Im Allgemeinen ist es einfacher und verlässlicher, das zur Karte passende Datum direkt im GPS-Gerät auszuwählen als die Korrekturwerte aus dem Hinweis der Karte von Hand einzugeben.

Unterschiede im Kartendatum sind keine rein akademische Betrachtung! Ein falsches Datum kann zu merklichen Positionsfehlern führen.

Die britischen Seekarten (vom UKHO) werden auf WGS84 bzw. ETRS89 umgestellt. Das dauert allerdings seine Zeit. Ende 2003 war die südliche Hälfte der britischen Hauptinsel bereits berücksichtigt. Für Schottland und Teile der Nordsee wird die Umstellung wahrscheinlich noch bis 2008 dauern.
In dem weltweiten britischen Seekartenwerk gibt es immer noch über 300 Karten, deren genaues Datum nicht einmal bekannt ist.

Die GPS-Höhe

Fast alle GPS-Geräte können auch die Höhe anzeigen, es ist ein Nebenprodukt der Positionsberechnung.

Unglücklicherweise hat die Höhenangabe für den Navigator auf See keinen Nutzen. Sie ist erheblich ungenauer als die GPS-Position und somit auch nicht brauchbar, wenn es um die Ermittlung der Höhe von Gezeiten geht. Die Höhe ist auch nicht auf den Meeresspiegel bezogen, sondern auf das mathematische Modell der Erde, den Rotationsellipsoid.
Der Meeresspiegel (Geoid) weicht vom Rotationsellipsoid nach oben um über 100 Meter, nach unten um bis zu 85 Meter ab. Die Britischen Inseln liegen 45 bis 60 Meter über dem Rotationsellipsoid. Die tatsächliche Oberfläche liegt um mehrere Tausend Meter unter bis mehrereTausend Meter über dem Geoid.

Fehler? – verschiedene Fehler!

Wenn Sie still sitzen und mit einem GPS-Handgerät über mehrere Stunden jede Minute die Position notieren, werden Sie hinterher etwa eine Skizze wie unten zeichnen können. Das Muster gleicht einer Zielscheibe nach einem Schuss mit der Schrotflinte: Die meisten Positionen (Punkte) liegen gehäuft an- oder übereinander, aber einige streuen weiter nach außen, und ein paar Ausreißer liegen sogar deutlich abseits.

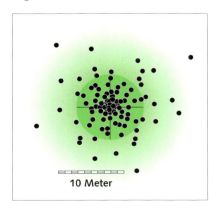

Zeichnet man die Positionen eines stationären GPS-Gerätes auf, erhält man ein Muster wie dieses.

Der Grund dafür ist, dass GPS, wie jedes Navigationssystem, Fehlern unterliegt. GPS funktioniert auf der Basis von Laufzeitmessungen der Signale zwischen den Sendern mehrerer Satelliten und dem Empfänger an Bord. Eine genaue Erklärung kommt in Kapitel 4. Aber auch diese kurze Angabe gibt schon Hinweise, wo sich Fehler einschleichen können:
- Der Satellit befindet sich möglicherweise nicht genau am angegebenen Ort.
- Die Signale gelangen möglicherweise nicht auf dem kürzesten Weg zur Empfangsantenne.
- Die Messung der Entfernung kann falsch sein, oder
- wir könnten die Anzeige falsch abgelesen haben.

Dies sind nur vier Beispiele von einer ganzen Liste an Fehlermöglichkeiten, aber alle vier genannten Fehler sind voneinander unabhängig. Das bedeutet, dass sie sich manchmal addieren können, aber manchmal auch einander entgegenwirken können.

Die Fehler können in drei Kategorien eingeteilt werden: Die erste umfasst *Fehlfunktionen und Fehlleistungen*, die zweite *systematische Fehler* und die dritte schließlich *zufällige Fehler*.

Fehlfunktionen und Fehlleistungen

Zu dieser Sorte Fehler gehören Ausfall von Technik und Gerät sowie Anwenderfehler. Es ist leichter zu sagen, dass diese Fehler nicht vorkommen sollten, als sie sicher auszuschließen. Das Versöhnliche an ihnen ist, dass sie meist auffällig sind und leicht erkannt werden.

Ein Gerät beispielsweise, dessen Bildschirm nichts Lesbares mehr anzeigt, ist offensichtlich fehlerhaft. Ebenso klar dürfte der Fall sein, wenn man seine Position auf der Karte genau 60 Seemeilen zu weit nördlich wiederfindet. Dann hat man vermutlich die Breite falsch abgelesen.

Systematische Fehler

Systematische Fehler folgen aus gesetzmäßig erfassbaren Bedingungen. Das bedeutet, sie sind kalkulierbar. Bekannte Beispiele dafür sind Ablenkung und Missweisung des Magnetkompasses. Im einfachsten Fall ist ein systematischer Fehler konstant. Das gibt es unter anderem bei einem Echolot, dessen Tiefenanzeige nicht auf die Wasseroberfläche kalibriert ist. Wenn der Abstand zwischen Geber und Wasseroberfläche nicht berücksichtigt wurde, kann man davon ausgehen, dass die Wassertiefe immer etwas zu niedrig angezeigt wird.

Zufällige Fehler
Zufällige Fehler haben die Eigenschaft, relativ schnell und unvorhersehbar zu schwanken. Die Techniker geben zwar ihr Bestes, um sie mithilfe von Differential GPS (siehe Seite 53 ff.) zu mindern, aber der Navigator muss zu einem gewissen Grad damit leben.
Das bedeutet in der Praxis, dass wir solche Fehler akzeptieren und in jeder Situation einen passenden Sicherheitsabstand zur nächsten Gefahrenstelle berücksichtigen.

Verschiedene Genauigkeiten
Unterschiedliche Fehlerbegriffe führen zu unterschiedlichen Begriffen von Genauigkeit.

Absolute Genauigkeit
Die absolute Genauigkeit (oder Genauigkeit im engeren Sinn) gibt an, wie gut eine GPS-Position in Länge und Breite mit der tatsächlichen oder wahren Position übereinstimmt. Es ist die Art Genauigkeit, die wir brauchen, um beispielsweise eine Hafeneinfahrt im Nebel zu finden. Dieser Begriff liegt wahrscheinlich der Vorstellung am nächsten, die man auch intuitiv hat. Erst im Laufe der letzten 20 Jahre haben wir so etwas wie hohe Genauigkeit beim Navigieren erreicht.

Relative Genauigkeit
Wenn Sie den Abstand von Ihrem Boot zur Kneipe mit einem langen Maßband ausmessen und das Ergebnis mit dem Ihres Navigationssystems vergleichen, erhalten Sie eine relative Genauigkeit. Sie gibt an, wie genau eine Positionsbestimmung mit einer anderen vergleichbar ist.
Dabei spielt es keine Rolle, ob Ihr Navigationsgerät eine Position anzeigt, die zwei

Seemeilen östlich von Ihrem wahren Standort liegt, solange die Kneipe ebenfalls um den gleichen Betrag nach Osten verschoben erscheint.

Eine gute relative Genauigkeit kann bei einem großen systematischen Fehler erreicht werden, solange der zufällige Fehler klein ist.

Wiederholbarkeit
Die Wiederholbarkeit ist die Fähigkeit eines Systems, den Navigator jedes Mal wieder an genau denselben Ort zu führen. Das kann beispielsweise für Fischer und Taucher wichtig sein, die vielleicht nicht eine exakte Position brauchen, aber sicher sein wollen, dass sie ihren Hummerkorb oder das neu entdeckte Wrack wiederfinden.
Eine gute Wiederholbarkeit kann auch bei einem großen systematischen Fehler erreicht werden. Das gilt selbst dann, wenn dieser von Ort zu Ort unterschiedlich ist, solange die zeitlichen Schwankungen klein sind.

Genauigkeit der Anzeige
Die Genauigkeit der Anzeige, das heißt wie viele Stellen hinter dem Komma das Gerät anzeigt, hat sehr wenig mit der Genauigkeit der Position zu tun. Das Gegenteil ist eher der Fall. Wie im richtigen Leben sind häufig die Aussagen am wenigsten zuverlässig, die sicher und respektgebietend daherkommen. Die meisten GPS-Geräte zeigen die Position auf drei Stellen hinter dem Komma genau an. In unseren Breiten entspricht das einer Auflösung von 1,8 m in der Breite und 1,2 m in der Länge. Die üblichen systembedingten Fehler bewirken aber, dass die meisten GPS-Positionen deutlich ungenauer sein dürften. Es ist daher angebracht, die letzte Stelle hinter dem Komma zu vernachlässigen, da sie einen irreführenden Eindruck der Genauigkeit erzeugt.

Dilution of Precision (DOP)
Die *Dilution of Precision* (auf Deutsch: Abschwächung der Präzision), auch mit DOP abgekürzt, hat einen direkten Einfluss auf die Genauigkeit der Position. Sie spielt bei allen Standortverfahren eine Rolle, in die mehr als eine Messung eingeht. Sie ist wahrscheinlich am einfachsten am Beispie von Abstandsmessungen mit dem Radar darzustellen (siehe Seite 188).

Neue Lösungen – neue Probleme

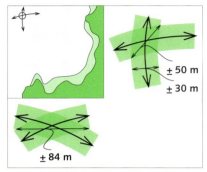

Ein Radarstandort, dessen Abstandsringe sich in einem spitzen Winkel schneiden, ist wesentlich unsicherer als ein Ort aus größeren Schnittwinkeln. Dieser Effekt wird als Dilution of Precision, DOP, bezeichnet.

Wenn der Abstandsring des Radars eine Landspitze in zwei Seemeilen Entfernung anzeigt, kann man umgekehrt annehmen, dass die Yacht sich auf einem Kreisbogen mit zwei Seemeilen Radius befindet, dessen Mittelpunkt auf der Landspitze liegt. Obwohl Radar sehr gut für Abstandsmessungen geeignet ist, ist es dennoch nicht perfekt. Wenn wir davon ausgehen, dass unsere Messung auf 30 m genau ist, müsste man den Abstandsring, entsprechend einer Breite von 60 m (30 m zu jeder Seite), in die Karte eintragen.

Wenn wir das Gleiche mit einem zweiten Abstandsring zu einer weiteren Landspitze wiederholen und den gleichen Fehler von 30 m annehmen, dann erhalten wir einen etwa rautenförmigen Bereich, in dem sich die breiten Ringe schneiden. Dieser Bereich ist allerdings größer als der Fehler, der ihn verursacht. Er wird mit spitzer werdendem Schnittwinkel noch weiter vergrößert. Dieser Effekt führt zu einer Abschwächung der Genauigkeit und wird mit dem englischen Begriff *Dilution of Precision* bezeichnet. Ist die DOP = 2, dann ist der maximale Abstandsfehler zweimal so groß wie der verursachende einfache Fehler. Eine DOP = 10 bedeutet einen zehnfach größeren Fehler.

Für dreidimensionale Systeme, einschließlich GPS, gibt es verschiedene Arten von DOP:

PDOP = *Position Dilution of Precision,* berücksichtigt alle drei Dimensionen
HDOP = *Horizontal Dilution of Precision,* gibt nur den horizontalen Wert an
VDOP = *Vertical Dilution of Precision,* gibt nur den Faktor für die Höhenabweichung an

TDOP = *Time Dilution of Precision*, die durch Zeitfehler bedingte Abweichung
GDOP = *Geometric Dilution of Precision*, dieser ähnelt dem PDOP, schließt aber die Zeit mit ein.

Messfehler

Wenn wir wissen, wo wir uns befinden, und gleichzeitig sehen, was das GPS-Gerät anzeigt, ist es einfach, den Standortfehler zu ermitteln. Leider funktioniert dieser Vergleich unterwegs nicht, wo wir uns auf die GPS-Position verlassen. Es wäre aber hilfreich zu wissen, wie zuverlässig die GPS-Position ist oder zumindest mit welchem Fehlerbereich wir rechnen müssen, wenn wir schon keinen Vergleich haben. Betrachtet man die Abb. auf Seite 18, dann ist es schwierig, einen Punkt herauszusuchen, den man als genau bezeichnen kann. Man könnte versucht sein zu sagen, der GPS-Ort ist auf etwa einen Meter genau, weil nahe am tatsächlichen Ort so viele Punkte übereinander liegen. Aber mit dieser Art Schlussfolgerung könnte man auch sagen, dass Menschen in der Lage sind, eine Meile in vier Minuten zu laufen, weil es ja mehrere Menschen gibt, die das können. Es gibt allerdings auch sehr viele, die das nicht können.

Eine andere Möglichkeit wäre es zu sagen, die Positionen sind auf 20 Meter genau, weil es ja keinen Standortpunkt gibt, der mehr als 20 Meter entfernt ist. Was wäre aber, wenn wir das Experiment länger durchführten? Es könnten durchaus noch einzelne größere Abweichungen auftreten.

Die Lösung in diesem Fall ist, dass wir eine Reihe von Kreisen um den wahren Standort herum zeichnen, bis wir einen Kreis finden, der 50 % der Standorte einschließt. Das ist innerhalb des dunkelgrünen Kreises der Fall. Dieser Kreis wird auch als der CEP 50 % (Circle of Error Probability [1] 50 %) bezeichnet. Wenn man einen Kreis mit diesem Radius um einen einzelnen Standort zeichnet, ist die Wahrscheinlichkeit 50 %, dass sich die wahre Position innerhalb des Kreises befindet. Für die meisten zivilen GPS-Geräte beträgt der CEP 50 % etwa sieben Meter. Das gibt uns einen Hinweis auf die Genauigkeit, die wir erwarten können, aber es ist noch kein guter Indikator, was wir als einen sicheren Bereich annehmen können.

---

[1] Kreis mit einer Fehlerwahrscheinlichkeit von 50 %

Dazu müssen wir den Radius vergrößern, denn je größer der Kreis ist, desto größer ist die Wahrscheinlichkeit, dass unsere Position innerhalb des Kreises liegt. Eine Möglichkeit ist der »1σ«-Kreis. Sigma »σ« ist für die Statistiker eine Kurzbezeichnung für die Standardabweichung oder die »Wurzel der Summe aller quadrierten Abweichungen«. Ein Vorteil des 1σ-Kreises ist, dass er recht einfach berechnet werden kann, ohne viele Kreise und Tausende von Standortpunkten ermitteln zu müssen[2]. Für Statistiker ist die Standardabweichung eine Basis für weitere Berechnungen, während sie für den Navigator ein Vergleichswert für den praktischen Nutzen eines Navigationssystems ist, indem sie beständigere Systeme mit kleineren Werten belohnt als fehlerhafte. Leider ist der 1σ-Kreis nicht viel größer als der CEP 50 %, er schließt nur 67 % der Standorte ein. Es wäre schön, mehr als 67 % Vertrauen in die Verlässlichkeit eines Navigationssystems setzen zu können, ein weit verbreitetes Maß ist daher der 2σ-Wert (zweifache Standardabweichung). Sein Radius ist zweimal so groß wie der 1σ-Kreis und schließt 95 % aller Standorte ein. Damit hat man nicht nur ein statistisches Maß, sondern dürfte auch den praktischen Anforderungen der Navigation gerecht werden. Man darf allerdings nicht vergessen, dass dies nicht das einzige Maß für die Genauigkeit ist.

Die Abweichung des inzwischen eingestellten Decca-Verfahrens wurde für den 1σ-Bereich angegeben, diejenige für das russische Satellitensystem GLONASS wird für einen 3σ-Bereich angegeben, entsprechend 99,7 % der Standorte.

und schließlich ...

Bedenken Sie, dass viele der Karten, die heute benutzt werden, auf Vermessungen basieren, die vor der Einführung der modernen Navigationsverfahren wie GPS durchgeführt wurden. In einigen Bereichen des Pazifiks stammen die aktuell verfügbaren Karten von Auflagen aus dem Ende des 19. Jahrhunderts. Ähnliches gilt

---

[2] Messen Sie die Fehler, nehmen Sie von jedem Fehler das Quadrat, berechnen Sie den Mittelwert der quadrierten Fehler und dann die Quadratwurzel dieses Mittelwertes.

Hardware, Software und Daten

Alle Computersysteme, einschließlich der großen Mehrheit der elektronischen Navigationsausrüstung, bestehen im Wesentlichen aus drei Komponenten: Hardware, Software und Daten. Die Hardware ist gewöhnlich die auffälligste Komponente. Sie besteht aus den Bauteilen des Gerätes, so, wie man es im Laden kaufen kann. Der Kern des Computers in einem GPS-Gerät oder einem Rechner ist die »Zentrale Prozessor-Einheit«, Central Processing Unit (CPU). Es handelt sich dabei um einen Chip auf Siliziumbasis, häufig in der Größe etwa einer Briefmarke mit Tausenden von mikroskopischen elektronischer Schaltern, die durch ihr Zusammenwirken in der Lage sind, die Informationen zu bearbeiten, die ihnen in Form von kleinen elektrischen Impulsen gegeben werden.
Man könnte die CPU mit einem Produktionsband in einer Fabrik vergleichen, an dem die Einzelteile zusammengesetzt werden. So wie ein Fließband für sich genommen wenig leistet, ist auch die CPU allein nicht viel wert. In einem Computer ist sie auf einer kompliziert aussehenden Platine angebracht, umgeben von einer ganzen Reihe weiterer Bauteile. Dazu gehören Speicher (Memory), um die Rohdaten aufzunehmen, Stromversorgung und Kühlung sowie kleinere Prozessoren, die die Funktion des Systems, z. B. Kühlung und Stromversorgung, überwachen. Schließlich gibt es noch Anschlüsse, englisch »Ports«, die wie die Laderampen an einem Fabrikgebäude die Verbindung zur Außenwelt herstellen. Sie nehmen die Informationen von Computermaus, Tastatur und Geräten wie GPS-Empfänger entgegen und senden Informationen an Bildschirm oder Drucker.
Die Software ist wesentlich weniger auffällig als die Hardware in einem Rechner. In vielen Fällen hat sie überhaupt keine physische Form, und Sie merken gar nicht, dass Sie sie mitgekauft haben. In anderen Fällen haben Sie vielleicht mehrere Hundert Euro für einen kleinen Karton ausgegeben, der eine CD oder eine DVD und ein Handbuch enthält.
Was Sie dann gekauft haben, ist eine sehr genaue Anleitung, nicht für Sie, sondern für Ihren Computer, der damit genau weiß, wie er mit den Daten umgehen soll. Gelegentlich wird Ihnen der Begriff Firmware begegnen. Firmware ist ebenfalls Software; der Unterschied besteht darin, dass Firmware dauernd an eine bestimmte Hardware gebunden ist. Zum Beispiel hat die Tastatur eine Firmware, die erkennt, welche Taste gedrückt wurde, und die diese Information in einen Satz elektrischer Impulse übersetzt, die der Computer versteht.

Daten bilden möglicherweise die wichtigste und wertvollste der drei Komponenten. Auch wenn wir die Daten häufig schon kennen, sind sie oft der Grund dafür, dass es die anderen Komponenten überhaupt gibt. Daten sind zum Beispiel die Eingaben des Benutzers über die Tastatur, automatisch übertragene Daten vom GPS- oder Radar-Gerät (input data) und gespeicherte Daten auf einer CD (Compact Disc) oder der Festplatte des Rechners. Ausgabedaten erhält unter anderem der Bildschirm, damit der Mensch die Informationen erkennen kann, oder sie werden an weitere Geräte wie Selbststeueranlage oder Funkanlage geleitet.

Mensch-Maschine-Schnittstelle

Fast alle Maschinen erfordern eine Form der Kommunikation mit einem menschlichen Bediener. Fachleute sprechen oft von einer Mensch-Maschine-Schnittstelle, vergleichbar mit einer Geräte-Schnittstelle zwischen z. B. einem GPS-Empfänger und dem Autopiloten. Umgangssprachlich sprechen wir vom Bedienungsgerät und Bildschirm, obwohl eine Unterscheidung zwischen Bedieneinheit und Bildschirm manchmal verschwimmt. Viele Bedienungsschritte schließen die Auswahl aus einem Menü am Bildschirm ein, und manche lassen sich an einem Touchscreen direkt am Bildschirm ausführen.

Bedienung

Tasten und Drehknöpfe

Tasten und Drehknöpfe haben verschiedene Vor- und Nachteile. Drehknöpfe eignen sich am besten zur Einstellung fortschreitend veränderlicher Größen (im Sinne von mehr oder weniger) wie Lautstärke oder Helligkeit der Anzeige. Tasten eignen sich besser für nicht kontinuierlich verstellbare Funktionen wie »an« oder »aus« oder bei klar unterscheidbarer Auswahl wie zum Beispiel für Buchstaben, mit denen man einen Namen schreibt.

Bei Geräten, die für den Einsatz auf See entwickelt werden, spielt Wasserdichtigkeit eine Rolle. Es ist zwar möglich, Drehknöpfe wasserdicht herzustellen, aber die Drehachse eines solchen Knopfes wasserdicht zu bekommen ist erheblich aufwendiger und teurer, als eine wasserdichte Folie zwischen Tastatur und Mikroschalter des Gerätes zu legen. Die Folge ist ein Trend zur Tastaturbedienung.

Einzelfunktionstasten

Die einfachste Art der Bedienung wäre zweifellos, für jede Funktion eine eigene Taste zu haben wie für einen Lichtschalter oder für das Ein- und Ausschalten der Vorausmarke am Bildschirm des Radars (siehe Seite 143 ff.). Der Nachteil einer konsequenten Bedienungseinrichtung nach diesem Prinzip ist, dass selbst schon bei einfachen Geräten die Zahl der erforderlichen Tasten ein riesiges Tastaturfeld erforderte. Das wäre für Hersteller zu aufwendig und für den Benutzer zu schwierig beim Suchen der richtigen Taste.

Multifunktionstasten

Eine Stufe weiter sind Tasten, die verschiedenen Funktionen dienen, indem sie entweder kurz oder lang gedrückt oder gleichzeitig m t anderen Tasten bedient werden. Im Allgemeinen funktioniert diese Bedienungsweise gut, wenn sich die verschiedenen Funktionen nach einem verlässlichen Prinzip bedienen lassen. Will man mit einer Computertastatur den Großbuchstaben Q eingeben, muss man <shift> oder <umschalt> gedrückt halten und dann <q> drücken. Diese Funktion ist sinnvoll, weil die Umschalttaste auf die gleiche Weise für alle Großbuchstaben bedient wird.
Es ist allerdings schwieriger, mehrfache Funktionen zu rechtfertigen, wo es keinen Zusammenhang zwischen den verschiedenen Funktionen gibt, die eine Taste aus-

Eine gute Gestaltung der Bedieneinheit sichert eine einfache Handhabung durch eine ausgewogene Mischung deutlich gekennzeichneter Tasten und Drehknöpfe.

führen kann. Das mag noch akzeptabel sein, wenn es nur wenige Tasten gibt und an jeder Taste die jeweiligen Funktionen klar beschrieben sind, aber man hüte sich vor Geräten, die mit einem großen Funktionsumfang daherkommen, ohne dass erkennbar ist, wie diese Funktionen bedient werden.

Bildschirm und Zeiger
Die Bildschirmtechnik hat in den letzten Jahren große Fortschritte gemacht. Selbst ein »Fishfinder«-Echolot für 150 Euro hat inzwischen einen Bildschirm mit gut lesbarer Textanzeige. Die Entwicklung hat zu Menübedienungen geführt, bei der die Funktionsauswahl auf dem Bildschirm angezeigt wird. Man benötigt dann ein Mittel, um eine entsprechende Stelle auf dem Bildschirm anzusteuern.
Vielleicht werden irgendwann Computer mit Stimmerkennung über Sprache bedient, sodass man dann tatsächlich »mit dem Computer spricht«. Bisher benötigen wir aber ein Gerät zur Bedienung.
Am einfachsten sind die Pfeiltasten an der Tastatur. Mit ihnen kann man in einer Liste auf dem Bildschirm auf- und abwandern, bis die gewünschte Funktion hervorgehoben ist, um sie dann mit einer weiteren Taste auszuführen. Pfeiltasten sind gut für einfache Listen geeignet, wie z. B. zur Auswahl eines Frequenzbereichs an einem Empfänger. Eine umfangreichere Auswahl bieten Bedienungen, mit denen sich ein Zeiger an eine beliebige Stelle auf dem Bildschirm bewegen lässt. Dazu hat man vier (manchmal acht) Tasten, um den Zeiger auf dem Bildschirm zu bewegen (cursor control keys). Damit steigt nicht nur die Anzahl möglicher Funktionen, sondern es gibt die zusätzliche Möglichkeit, einen bestimmten Bereich auf dem Bildschirm auszuwählen, beispielsweise, um auf einem Kartenplotter Informationen über eine Tonne zu erhalten. Einige Hersteller überdecken diese vier oder acht Mikroschalter mit einer Folie, die wie eine große Taste aussieht, die prinzipielle Funktionsweise bleibt aber gleich.
Es wird nicht viele Menschen geben, für die eine Computermaus etwas Neues ist. Sie entstand in den 1960er-Jahren und besteht im einfachsten Fall aus einem hohlen Körper, der mit einem Gummibällchen und kleinen Zylindern und Rädchen versehen ist. Wenn Sie die Maus über eine ebene Fläche führen, dreht sich das Gummibällchen und mit ihm die kleinen Zylinder und Rädchen. Das Resultat ist das gleiche, wie beim Drücken von einer oder zwei Pfeiltasten auf der Tastatur.

Die meisten Mäuse haben eine oder mehrere Tasten, mit denen die am Bildschirm angesteuerte Stelle ausgewählt oder bestätigt wird. Ein Trackball ist wie eine umgedrehte Maus, deren Ball man dreht, anstatt die ganze Maus zu bewegen. Ein Joystick hat die gleiche Funktion, nur dass er aus einem senkrechten Stift besteht, der in jede Richtung geneigt werden kann. Obwohl einfache und billige Computermäuse nach wie vor erhältlich sind, gibt es inzwischen auch deutlich anspruchsvollere Versionen, einige ganz ohne bewegliche Teile. Dennoch ist die traditionelle Maus eher etwas für den Schreibtisch oder für Schiffe mit viel Platz. Für den Gebrauch auf See sind Trackball und Joystick passender, weil sie weniger Platz bei der Bedienung beanspruchen und nicht so leicht vom Kartentisch herunterfallen.

Auf den mobilen Laptops oder Notebooks ist das Trackpad verbreitet, es ähnelt einer kleinen Gummimatte, unter der sich allerdings verschiedene Sensoren befinden. Mit einem Finger auf dem Trackpad entlangzustreichen, hat die gleiche Wirkung wie das Bewegen der Maus. Manche Leute bevorzugen Trackpads, aber sie sind etwas gewöhnungsbedürftig, und sie funktionieren gelegentlich nicht mit nassen Fingern oder mit Handschuhen.

Touchscreens sind wie durchsichtige Trackpads, nur dass sie in den Bildschirm eingearbeitet sind. Sie unterscheiden sich aber von den Trackpads auch dadurch, dass

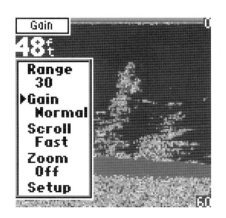

Menüs bestehen aus einer Liste mit Wahlmöglichkeiten. Sie werden normalerweise mit Maus, Trackball oder Pfeiltasten markiert (hervorgehoben), bevor die Auswahl durch Betätigung einer weiteren Taste bestätigt wird.

sie auf Berührung statt auf Bewegung reagieren. Das macht sie besonders für die Menübedienung geeignet, weshalb sie häufig für Fahrkartenautomaten und Informationsterminals an Flughäfen benutzt werden. Wie bei den Trackpads kann es aber Probleme bei nassen Fingern oder mit Handschuhen geben. Auch Touchscreens sind manchmal nicht genau genug für die Anwendung in der Navigation.

Menüs und Softkeys

Computermenüs werden oft gehasst – aus gutem Grund: Der Versuch, ein elektronisches Gerät mit schlechter Menüführung zu bedienen, kann außerordentlich frustrierend sein. Auf der anderen Seite würden wir ohne Menübedienung sicherlich mit sehr primitiven Geräten arbeiten müssen, vor allem Handgeräte hätten nur einen sehr eingeschränkten Funktionsumfang.

Das Prinzip der Menüführung ist einfach: Sie erhalten eine Liste, aus der Sie auswählen können. Dazu müssen Sie meist eine Taste mit der Kennzeichnung »Menü« drücken, um die Menüliste aufzurufen. Dann wählen Sie mit Pfeiltasten, Trackball oder Maus die gewünschte Funktion. Mit der »Enter«-Taste oder der linken Maustaste wird die Wahl aktiviert. Oft werden Sie dann in ein weiteres Menü, ein Untermenü, gelangen, das dann manchmal wieder in ein weiteres Untermenü führt. Das kann dann enttäuschend sein. Denn obwohl Sie wissen, was Sie wollen, wird nicht offensichtlich, wie Sie Ihr Ziel erreichen können. Eine gut entworfene

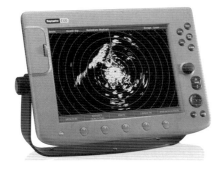

Die Beschriftungen der fünf Softkeys dieses Radargerätes befinden sich direkt auf dem Bildschirm. Tatsächlich bedeuten Softkeys nur eine bestimmte Art der Funktionsauswahl für ein Menü.

Menüführung hilft Ihnen ans Ziel, wird aber trotzdem immer etwas Zeit zur Gewöhnung beanspruchen.
Eine zunehmend verbreitete Variante der Menüführung ist die Verwendung von Softkeys. Softkeys sind Tasten ohne spezielle Beschriftung. Häufig sind vier oder fünf solcher Softkeys neben oder unter dem Bildschirm angeordnet. Die Beschriftungen für die Funktionen stehen dann auf dem Bildschirm, immer nahe bei den jeweiligen Tasten. Nach dem Drücken einer Taste erscheint eine Anzeige auf dem Bildschirm mit einer entsprechenden Auswahlliste.

Bildschirme (Displays)

Elektronische Navigationsausrüstung dient meist dazu uns mit Informationen zu versorgen. Diese wären aber nutzlos, wenn wir sie nicht verstünden. Mit wenigen Ausnahmen, wie beispielsweise dem Audiokompass (den blinde Segler verwenden) oder solchen Kommunikationsgeräten, die ihre Informationen direkt auf Papier drucken, wird unser Gerät einen Bildschirm, ein Display, haben. Für den Radarbildschirm wird auch der Ausdruck PPI (Plan Position Indicator) verwendet. Ebenso wie die Bedienungen verschiedener Geräte unterscheiden sich deren Bildschirme und Displays. Sie lassen sich drei Gruppen zuordnen:
- Analog
- Digital
- Grafisch

Analog – digital – grafisch

Analoganzeigen werden manchmal als »gewöhnlich« oder veraltet bezeichnet, weil sie einen Zeiger oder eine bewegliche Markierung haben, um Messwerte wie Wassertiefe oder Geschwindigkeit anzuzeigen. Sie mögen vielleicht ungenau wirken, wenn der Zeiger keinen konstanten Wert anzeigt und stattdessen immer hin- und herwackelt. Dieses Wackeln kann die Verhältnisse aber durchaus zutreffend beschreiben, nämlich wenn die wahre Wassertiefe beim Überfahren von Hügeln und Senken des Grundes tatsächlich schwankt. Analoganzeigen eignen sich so gut für die Wiedergabe schwankender Informationswerte, dass einige Geräte mit quasi analogen Anzeigen ausgestattet sind, um eigentlich digitale Informationen auf einer grafischen Oberfläche darzustellen.

Hardware, Software und Daten

Digitalanzeigen haben den Vorteil, klare und eindeutige Werte darzustellen. Ein klassisches Beispiel ist die Positionsangabe eines GPS-Gerätes: Die Angabe 50° 47,17' N ist brauchbarer als eine Angabe von »etwa drei Viertel der Breite zwischen 50° 50' N und 50° 40' N«, die eine Analoganzeige liefern könnte. Digital-

Analoganzeigen sind vorteilhaft für die Darstellung angenäherter oder schwankender Informationen, so wie bei dieser Windrichtungsanzeige.

Digitalanzeigen liefern klare und eindeutige Werte.

Ein grafisches Display zeigt Informationen in Form von Bildern an, wie dieser »Fishfinder« mit einer Darstellung wechselnder Wassertiefen.

Bildschirme (Displays)

anzeigen sind im Allgemeinen billiger in der Herstellung als Analoganzeigen und häufig auch langlebiger als Analoganzeigen. Grafische Anzeigen, die in der Lage sind, Informationen in Form von Bildern zu vermitteln, sind auf dem Weg, zum Standard für Geräte zu werden, die oberhalb eines Preises von etwa 150 Euro liegen (z.B. Fishfinder-Echolote). Geräte mit grafischer Oberfläche verbreiten sich schnell, auch dank fallender Preise. In einigen Fällen bestehen die Displays nur aus wenigen Hundert Pixeln, aber selbst das reicht für einfache Bilder, Text und Zahlen aus. Am anderen Ende des Angebotsspektrums stehen Computerbildschirme mit drei Millionen Pixeln, um Bilder darzustellen, deren Auflösung sich der von Fotos nähert.

Licht emittierende Dioden (LEDs)

Eine Diode ist eine Art einfaches elektronisches Ventil, indem es den Stromfluss in eine Richtung erlaubt und in die andere verhindert. Während die früher verwendeten Röhren eher Glühbirnen mit eingeschlossenen Bauteilen glichen, bestehen die Dioden heute aus einem isolierenden Material aus Aluminium-Gallium-Arsenid mit ausgewählten »Verunreinigungen« von Silizium, was ihnen die besondere Fähigkeit verleiht, den Strom nur in eine Richtung durchzulassen. Jeder Stromfluss erzeugt eine Anregung und Bewegung von Elektronen in und zwischen Atomen. In einer Diode erzeugt die Elektronenbewegung eine Strahlung. Bei den gewöhnlichen Dioden, z.B. in einem Radio, ist der Wellenlängenbereich der erzeugten Strahlung weit außerhalb des recht schmalen sichtbaren Spektrums. Er ist meist im infraroten Bereich, und die Strahlung wird zum größten Teil von den Materialien der Diode selbst absorbiert. LEDs allerdings enthalten Stoffe, die extra wegen ihrer Fähigkeit, sichtbares Licht auszustrahlen, ausgewählt wurden und von einem durchsichtigen Gehäuse umgeben sind.

Als Ergebnis erhält man eine Art kleine Glühbirne – eine Leuchtdiode – nur mit dem Vorteil, dass sie die Energie viel besser nutzt als eine herkömmliche Glühbirne, weil sie keine energieverschwendende Wärme erzeugt. Zudem hält sie länger, weil nichts in ihr ist, was schmelzen oder durchglühen kann. Einzelne LEDs werden als Kontrolllämpchen benutzt, um anzuzeigen, ob etwas eingeschaltet ist oder nicht. Durch Anordnung mehrerer LEDs werden Buchstaben oder Zahlen dargestellt. In den 1970er- und 1980er-Jahren fand man sie bei vielen Decca-Navigationsgeräten, und selbst die frühen GPS-Empfänger waren damit ausgestattet. Inzwischen beschränkt sich ihre Anwendung wieder nur noch auf die Kontrolllämpchen.

Röhrenbildschirme (CRT [3])
Es wird nicht viele Haushalte geben, in denen sich nicht wenigstens eine Kathodenstrahl-Röhre befindet, meist in der Ecke des Wohnzimmers, im Fernseher.
Im Wesentlichen besteht sie aus einem trichterförmigen Glaskörper, an dessen schmalem Ende sich eine »Elektronenkanone« befindet. Aus ihr werden Elektronen zum breiten Ende des Trichters (beim Bildschirm) geschleudert. Dort befindet sich eine phosphoreszierende Beschichtung, die beim Auftreffen der Elektronen leuchtet. Damit nicht nur in der Mitte des Bildschirms durch geradeaus fliegende Elektronen ein Punkt aufleuchtet, muss der Elektronenstrahl in Richtung und Stärke variiert werden, damit ein Bild entsteht.
Altmodische Radargeräte mit Röhrenbildschirmen benutzten Elektromagnete, um den Strahl der Elektronen abzulenken. Der Elektronenstrahl wurde kurz Richtung Bildschirmrand abgelenkt, um dann kurz darauf wieder zur Bildschirmmitte zu laufen. Dieser Vorgang des Wechsels lief sehr schnell. Bei einer Radaranlage, die für einen Sechs-Seemeilen-Bereich eingestellt war, dauerte dieser Wechsel etwa ein Zehntel einer Millisekunde!
Während dieses Vorgangs drehen sich die Magnete um die Röhre herum, sodass die nächste Elektronenablenkung in eine leicht geänderte Richtung erfolgt. Eine vollständige Rotation der Magnete dauert etwa zwei bis drei Sekunden. Das Ergebnis ist die Darstellung eines Bildes, das aus einer Serie von radial aus dem Mittelpunkt ausgehenden Linien besteht.
Das ist für ein Radar sehr passend, weil auf die gleiche Art das Radargerät seine Informationen durch die rotierende Antenne erhält. Dennoch gibt es ein paar Nachteile. Sie entstehen aus der Tatsache, dass es mehrere Sekunden dauert, bis das Radarbild aufgebaut ist. Daraus resultiert zum einen, dass das Bild mit mehreren Sekunden Verzögerung entsteht, zum anderen muss die phosphoreszierende Schicht auf dem Radarbild mehrere Sekunden nachleuchten, um ein erkennbares

---
[3] CRT = Cathode Ray Tube

Bildschirme (Displays)

Bild zu erzeugen. Das funktioniert nur dann richtig, wenn man sich mit einem sehr lichtschwachen Bild begnügt. Deshalb haben die alten Radargeräte einen lichtdichten Tubus, durch den man blickt, damit nicht das umgebende Licht stört. Tageslichtbildschirme wie für Fernseher, Computer und neuere Radargeräte benutzen eine etwas andere Technik, bekannt als Rasterscan-Bildschirm. Die Technik ist ähnlich, nur werden zwei Magnetpaare verwendet, eir es für die seitliche, das andere für die senkrechte Ablenkung der Elektronen. Beim Fernseher läuft der Strahl von einer Seite zur anderen und verändert dabei seine Intensität, um Zeile für Zeile das Bild aufzubauen, dann schnellt er zurück an den Anfang, nur etwas tiefer, und beginnt von Neuem (Zeilensprungverfahren: Beim ersten Durchlauf werden die ungeraden, beim zweiten die geraden Zeilen des Bildes aufgebaut). Das geht alles sehr schnell, bei einem mitteleuropäischen Fernseher sind das 625 Linien 25-mal in der Sekunde, das bedeutet, dass die Phosphoreszerzschicht nicht länger als 0,04 Sekunden leuchten muss. So kann das Bild hell genug werden, um bei Tageslicht erkennbar zu sein. Dennoch und trotz niedriger Preise sind die Röhrenbildschirme, die CRTs, dabei, vom Markt zu verschwinden, sie sind eben weniger energieeffizient und im Vergleich zu den Flüssigkristallbildschirmen relativ empfindlich.

Flüssigkristall-Bildschirme (LCD[4])

Im Alltag begegnen uns Stoffe in drei verschiedenen Formen: fest, flüssig und gasförmig.
Flüssigkristalle sind hingegen künstlich geschaffene »Designer-Moleküle«, die zum Teil Eigenschaften von Flüssigkeiten aufweisen, dabei aber eine Kristallstruktur haben wie manche Festkörper.
Lässt man die Flüssigkristalle in Ruhe, liegen die lang gestreckten Moleküle parallel nebeneinander wie Bahnschwellen. Dieser Zustand heißt der nematische Zustand. Ein LCD-Bildschirm besteht aus einer dünnen Schicht von Flüssigkristallen, zwischen anderen Schichten gelegen, die deren besondere Eigenschaften schützen. Die beiden direkt angrenzenden Schichten halten die Enden der Flüssigkristallstränge mit sehr feinen Rillen. Diese Rillen einer »Ausrichtungsschicht« liegen nicht parallel zu der gegenüberliegenden, dadurch erhält jedes Molekülband der

---

[4] LCD = Liquid Crystal Display

Flüssigkristalle eine Verwindung um 90°. Die drei genannten Schichten liegen dann zwischen zwei Lagen mit Polarisationsfiltern, die ebenfalls um 90° zueinander gedreht sind.
Man sollte annehmen, dass kein Licht durch diese Schichten hindurchgelangen könnte, doch durch die Verwindung der Flüssigkristalle wird das Licht gedreht, das Display wird transparent. Durch das Anlegen einer elektrischen Spannung gelingt es, die Verwindung der Flüssigkristalle zu verändern, der nematische Zustand ist aufgehoben, das entsprechende Molekül kann das polarisierte Licht nicht mehr weiterleiten.
Zwei Verfahren dienen zum Steuern der elektrischen Spannung für ausgewählte Bildschirmbereiche. Bis vor wenigen Jahren hatten die LCD-Schirme ein Netz vertikal verlaufender Drähte auf der einen und horizontal verlaufender Drähte auf der anderen Seite. Eine Spannung wird auf einen horizontalen Draht angelegt, und an dem vertikalen Netz werden bestimmte Stellen an- und abgeschaltet, je nachdem, wo Strom fließen darf und wo nicht. Dieser Vorgang wird für jeden horizontalen Draht nacheinander wiederholt.
Bessere und modernere Displays bestehen aus Dünnschichttransistoren (TFT[5]) wie kleine Mikroschaltungen, die jeden Pixel einzeln ansteuern. Das heißt, der gesamte Bildschirm kann – statt zeilenweise – fast gleichzeitig angesteuert werden. Das ist teuer: Ein 7-Zoll-Schwarz-Weiß-Bildschirm (ca. 18 cm Diagonale) kann 640 Pixel breit und 480 Pixel hoch sein, entsprechend 300 000 Pixeln, jedes mit einem eigenen Transistor. Ein Farbbildschirm benötigt für jeden Pixel sogar drei Transistoren, also bei gleicher Größe knapp eine Million.
Die letzte Zutat für den Bildschirm ist schließlich das Licht.
Reflektierende TFT-Bildschirme nutzen eine externe Lichtquelle, deren Licht auf eine reflektierende Schicht des Bildschirmes trifft. Sie funktionieren auch bei Sonnenlicht gut, weil das Bild bei dieser starken externen Quelle heller wird, dafür sind sie nachts nicht so gut.
Hintergrundbeleuchtete TFT-Bildschirme haben eine interne Lichtquelle. Sie haben einen etwas größeren Energieverbrauch, funktionieren aber auch nachts gut. Ein

---

[5] TFT = Thin Film Transistor

Nachteil ist, dass ihre vergleichsweise schwache innere Lichtquelle kaum mit hellem, direktem Sonnenlicht konkurrieren kann.

Transflexive TFT-Displays bilden einen Kompromis aus nterner Lichtquelle und reflektierendem Hintergrund. Wie bei allen Kompromissen sind sie nicht so gut wie die Speziallösungen für deren bevorzugten Einsatz, aber sie haben die besten Allroundeigenschaften und sind die beste Wahl für den Einsatz auf See. Leider machen sie auf Bootsausstellungen oder in schwach beleuchteten Räumen nicht den brillanten Eindruck, den man von hintergrundbeleuchteten TFT-Schirmen kennt.

Displaygrößen

Die Größen von Bildschirmen werden in Zoll (englisch: inches, in) angegeben, und zwar als Diagonale. Das ist nicht absichtlich irreführend, hat aber ein paar Besonderheiten:

14 = 15?

Die Diagonale eines LCD-Bildschirms bezieht sich auf den sichtbaren Bildschirm, für einen Röhrenbildschirm aber bezieht sich der Wert auf den nominalen Röhrendurchmesser. Ein 14-Zoll-LCD-Bildschirm entspricht in der Größe einem 15-Zoll-Röhrenbildschirm.

4 x 7 = 14?

Ein 14-Zoll-LCD-Monitor ist etwa so groß wie ein Blatt Papier der Größe A4. Einmal gefaltet, ergibt die Größe A5 mit etwa 10 Zoll Diagonale, ein zweites Mal gefaltet, ergibt A6 entsprechend 7 Zoll.

Schnittstellen zwischen den Geräten

Elektronische Instrumente für Freizeitboote waren in der Anfangszeit einzelne isolierte Geräte: Log, Echolot und Decca- oder Loran-Navigator arbeiteten für sich und hatten mit anderen Apparaten nur die Stromquelle gemeinsam. Während der 1970er-Jahre wurde klar, dass es nützlich wäre, wenn der elektronische Navigator mit der Selbststeueranlage kommunizieren könnte. Einige Hersteller entwickelten ihre eigenen Verfahren, aber der Durchbruch gelang erst, als 1980 die amerikanische National Marine Electronic Association den NMEA-0180-Standard einführte. Damit war es möglich, dass Geräte unterschiedlicher Hersteller miteinander kommunizierten. Der NMEA-Standard wurde 1982 zum 0182-Standard verbessert, aber es wurde bald klar, dass Gerätekommunikation für mehr als Navigationsgeräte und Autopiloten brauchbar war. Der 1983 veröffentlichte Standard NMEA 0183 war grundlegend umgestaltet, jetzt konnten fast alle elektronischen Bordinstrumente miteinander und mit Computern zusammenwirken. NMEA 0183 ist im Laufe der Jahre immer weiter verbessert worden und wirkte dennoch zur Jahrtausendwende etwas holprig, weshalb ein neuer Standard, NMEA 2000, kam. Zurzeit (2005) sieht es aber so aus, als sei NMEA 2000 etwas zu spät gekommen, denn die Zahl der Hersteller ist zurückgegangen, weil sie von Konkurrenten übernommen wurden oder fusionierten. Häufig haben sie sich auf eigene Standards besonnen. NMEA 0183 ist allerdings unverändert häufig zu finden.

Serielle Schnittstellen

Wenn Sie die Rückseite eines Rechners betrachten, sehen Sie eine Menge verschiedener Steckplätze (engl.: Socket) für Geräte wie Tastatur, Maus, Lautsprecher, Bildschirm usw. Üblicherweise findet man noch drei weitere Steckverbindungen, der kleinste und fortschrittlichste heißt USB-Port. Seine Fortschrittlichkeit besteht darin, dass wir uns bei ihm nicht um viel kümmern müssen. Wenn wir ein Gerät über USB an den Rechner anschließen, ist es durchaus wahrscheinlich, dass es auf Anhieb funktioniert, die Wahrscheinlichkeit steigt sogar noch, wenn wir die betreffende Bedienungsanleitung lesen. Die zwei übrigen Steckverbindungen sind erheblich größer, sie heißen serielle und parallele Schnittstelle (engl.: Port). Um den Unterschied verstehen zu können, ist es nötig zu wissen, dass Computer über elektrische Impulse niedriger Spannung miteinander in Verbindung stehen. Die Datenübertragung ist derjenigen von Morsezeichen ähnlich, nur sehr viel schneller.

Der »Morsecode«, um den es sich hier handelt, heißt ASCII (American Standard Code for Information Interchange), bei dem jedes Zeichen, ob Buchstabe, Zahl oder Satzzeichen, in eine Folge von acht elektrischen Impulsen umgeformt wird. Eine Verbindung, in der die Impulse aus nacheinander folgenden Serien besteht, heißt seriell. Obwohl Computer Signale sehr schnell senden und empfangen können, ist die Übertragung größerer Datenmengen über eine serielle Schnittstelle durchaus zeitraubend.

Serielle Schnittstellen

Die serielle Schnittstelle ist eine einfache, aber eher langsame Art des Datenaustausches zwischen zwei Rechnern oder zwischen Rechner und anderen Apparaten.

Eine Möglichkeit, die Datenübertragung zu beschleunigen, besteht darin, acht Impulse gleichzeitig zu senden. Dies geschieht bei der parallelen Schnittstelle. In den 1980er-Jahren kam es weniger auf Schnelligkeit als auf Einfachheit bei der Datenübermittlung an. Obwohl NMEA 0183 nicht identisch ist mit den für serielle Schnittstellen üblichen Verfahren RS 232 und RS 422, ist es letzteren doch so ähnlich, dass in vielen Fällen eine NMEA-0183-Verbindung zum seriellen Port eines Rechners möglich ist.

Spannung an Schnittstellen

Ein wichtiger Unterschied zwischen der Übertragung nach NMEA 0183 für Navigationsinstrumente und dem RS-232-Standard der Computer besteht in der unterschiedlichen Spannung, die sie benutzen. Bei NMEA 0183 bedeutet eine Spannung zwischen +4 V und +15 V den »0«-Impuls, während der Bereich +0,5 V bis −15 V für den »1«-Impuls gilt.
Bei RS 232 wird ein »0«-Impuls durch eine Spannung zwischen +5 V und +15 V, ein »1«-Impuls zwischen −5 V und −15 V übertragen. Ein NMEA-Empfänger wird also immer einen RS-232-Sender verstehen, da die gesendeten Signale des einen Standards im Bereich der Toleranz des anderen Standards liegen. Schwierigkeiten kann es geben, wenn ein NMEA-Sender den Bereich von +0,5 V bis −5 V benutzt, um einen »1«-Impuls zu übertragen. In den meisten Fällen wird ein Computer zwar alle Signale, die nicht als »0«-Impuls gelten, als »1«-Impuls interpretieren, aber sicher ist das nicht.
Die Lösung des Problems besteht in der Verwendung von Konverterkabeln von NMEA auf RS 232, die es im Fachhandel gibt.

NMEA 0183

Wie der ASCII-Code, den die Rechner untereinander benutzen, besteht NMEA 0183 aus einer Folge elektrischer Impulse, gewöhnlich zwischen 0 V und 5 V. Die Impulse werden in Gruppen zu acht Einheiten übertragen, wobei jede Gruppe einen Buchstaben oder ein Zeichen repräsentiert.

00100100 bedeutet ein Dollarzeichen
01000111 bedeutet den Buchstaben G
und 00110101 die Ziffer 5.

So wie Buchstaben und Zeichensetzung einen Text ergeben, bilden die Zeichenfolgen beim NMEA-Code Datensätze, jedoch mit sehr engen Regeln für Zeichensetzung und Grammatik.
Jeder Datensatz beginnt mit einem Dollarzeichen und endet mit einem Zeilenvorschub, jedes »Wort« ist durch Komma vom folgenden getrennt. Das erste Wort eines Datensatzes muss immer aus fünf Buchstaben bestehen, von denen die ers-

```
                    NMEA DATA
$GPGLL,5055.1659,N,00118.2341,W,182119.00,A*16
33,M,+049,M,00,0000*7D
$GPVTG,175.3,T,,,000.1,N,000.2,K*2E
$GPRMC,182118,A,5055.1660,N,00118.2342,W,000.1,175
.,090704,,*3F
$GPGLL,5055.1660,N,00118.2342,W,182118.00,A*1E
$GPGSV,3,1,10,09,73,289,46,26,41,150,00,07,35,084,
45,18,34,257,00*71
$GPGSV,3,2,10,05,32,219,00,29,30,148,00,22,29,298,
00,28,17,050,42*75
$GPGSV,3,3,10,31,15,039,36,14,02,314,00,00,00,000,
00,00,00,000,00*70
$GPGGA,182119,5055.1659,N,00118.2341,W,1,04,02,+00
33,M,+049,M,00,0000*75
$GPVTG,175.8,T,,,000.1,N,000.2,K*25
$GPRMC,182119,A,5055.1659,N,00118.2341,W,000.1,175
.,090704,,*37

    ENTER TO START
    ZOOM IN TO CHANGE PORT       Port: NMEA1
```

NMEA-Daten – so, wie sie empfangen werden.

40

ten beiden die Art des Gerätes bezeichnen, das den Satz gesendet hat. Die weiteren drei Buchstaben stehen für die Struktur und die Art des Inhalts. Ein typischer NMEA-Datensatz könnte so aussehen:

$GPGLL,5047.17,N,00118.57,W,143726,A<LF>

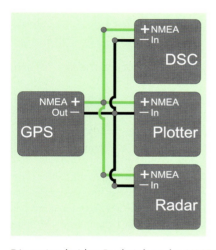

Mehrere »Empfänger« können an einen »Sender« angeschlossen werden, aber nicht umgekehrt.

Die ersten beiden Buchstaben des NMEA-Datensatzes bedeuten, dass die Daten von einem GPS-Gerät (GP) stammen und die laufende Position angezeigt wird (GLL). Die folgenden Zeichen lassen Breite, Länge und Uhrzeit erkennen. Das A zeigt an, dass die Daten in Ordnung sind – z. B. die Signale von ausreichend vielen Satelliten empfangen wurden. Das <LF> bedeutet line feed, Zeilenvorschub, am Ende des Satzes.

Die physische Verbindung zwischen einem NMEA-Sender und einem NMEA-Empfänger besteht nur aus einem Bündel von Kabeln, ähnlich einer Stromversorgung. Allerdings ist das richtige Verbinden der Kabel etwas anspruchsvoller.

Die erste Hürde liegt im Herausfinden der Funktionen der verschiedenen Kabel aus dem Gerät des Herstellers. Unglücklicherweise gibt es keinen Standard für die

Hardware, Software und Daten

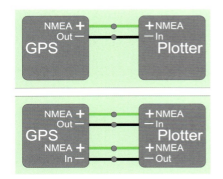

Die Grundregel für NMEA-Verbindungen lautet: Ausgangsschnittstelle des Gebers an die Eingangsschnittstelle des Empfängers anschließen. Das bedeutet positiv mit positiv verbinden und negativ mit negativ.

Farbgebung der Kabel, doch hier kann häufig die Bedienungsanleitung weiterhelfen.

Entscheidend ist, dass Sie die Ausgangsschnittstelle des Senders mit der Eingangsschnittstelle für den Empfänger verbinden. Das heißt aber, dass positiv mit positiv verbunden wird und negativ mit negativ.

Eine gegenseitige Kommunikation zwischen zwei Geräten benötigt vier Kabel zusätzlich zur Stromversorgung. Um Kabel zu sparen, haben einige Hersteller ein kombiniertes Kabel eingeführt, das als Minuskabel für Ein- und Ausgang dient und gleichzeitig zum Minusanschluss der Batterie führt. Dies macht es allerdings schwieriger zu erkennen, welche Funktion von welchem Kabel erfüllt wird.

Die nächste Komplikation besteht darin, das ein Sender für mehrere Empfänger dienen kann. Wie viele, das hängt von der Art der Ausrüstung ab: Die meisten stationären GPS-Geräte haben vier oder fünf Ausgänge, Handgeräte oft nur ein oder zwei. Grundsätzlich gilt hier das Gleiche wie für Einzelverbindungen mit einem Sender und einem Empfänger. Aber es gilt auch: Sind mehrere Geräte gleichzeitig angeschlossen, darf es immer nur einen »Sender« geben. Sobald mehrere Geräte gleichzeitig senden, überlagern sich die Signale zu einem unverständlichem Gemisch.

Zwei weitere Dinge sind für eine NMEA-Verbindung zu bedenken. Das Erste scheint offensichtlich, wird aber häufig übersehen: Stellen Sie sicher, dass der Sender auch sendet. Viele GPS-Geräte werden mit einer abgeschalteten Schnittstelle

NMEA 0183

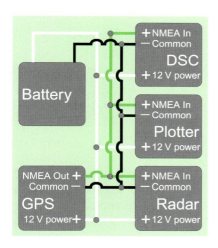

Um mit weniger Kabeln auszukommen, sind die Minus-Kabel miteinander zu einer »gemeinsamen Masse« verbunden.

ausgeliefert. Sie müssen dann in das Set-up-Menü, um sie einzuschalten. Sie können die Schnittstelle auch mit einem Voltmeter testen, indem Sie die beiden spannungsführenden Kabel prüfen. Sie werden die einzelnen Impulse nicht auf dem Voltmeter erkennen, aber, sofern NMEA-Signale gesendet werden, eine schwankende Spannung im Bereich von 0 V bis 5 V.
Zum Zweiten sollten Sie sicherstellen, dass die Empfänger auch die gesendeten Daten richtig verstehen. Einige DSC-Funkanlagen erwarten Positions- und Zeitangaben in einem sogenannten RMC-Datensatz.
Wenn dieser nicht unter den von Ihrem GPS-Gerät gesendeten Daten zu finden ist, wartet Ihr DSC-Kontroller vergeblich, obwohl die erwarteten Informationen auch in zahlreichen anderen Datensätzen wie in den auf Seite 41 gezeigten GLL-Sätzen stecken.

Die fünf Regeln für NMEA-Verbindungen

- Nur ein Sender in jedem System
- Ausgang mit Eingang verbinden

- Plus zu Plus
- Schnittstellen testen
  (im Menü auf NMEA Empfangen oder Senden einschalten)
- In der Bedienungsanleitung prüfen, ob der Empfänger die Datensätze des Senders versteht

Optische Isolierung / Optokoppler

Für uns als Anwender sind die Verbindungen nach NMEA 0183 zwar nicht viel mehr als ein paar Kabel, aber man sollte vielleicht noch wissen, dass zur NMEA-Spezifikation ein Optokoppler gehört. Innerhalb des Gerätegehäuses befindet sich die Einheit des Optokopplers, der aus einer Leuchtdiode (LED) als Sender und einer Fotozelle als Empfänger besteht. Die elektrischen, gepulsten Signale werden an der LED in Licht umgewandelt und dann von der Fotozelle empfangen. Diese Lücke in der Stromführung dient dazu, die Stromkreise der beiden Geräte getrennt zu halten, denn sie können unterschiedliche Massepotenziale haben oder eine Seite kann unter Überspannung leiden. Ein weiterer Vorzug liegt darin, dass der Optokoppler eine große Toleranz der Signalspannung ermöglicht und eine generell niedrige Anfälligkeit für elektrische Störungen.

Was ist GPS?

Am 22. Februar 1978 startete die Regierung der USA eine Revolution in der Navigation. Es war der Start des ersten Satelliten eines Navigationssystems, das schließlich weltweit für jeden, unabhängig von Wetter oder Tageszeit, Positionen mit hoher Genauigkeit liefern sollte. Ende des Jahres gab es eine experimentelle Anordnung von vier Satelliten im All, bis 1985 stieg die Zahl auf zehn, 1995 war das System vollständig einsatzbereit. Zu der Zeit waren die Preise für (zivil genutzte) Empfänger so weit gefallen, dass sie schon zur üblichen Ausrüstung einer Yacht gehörten. Handgeräte gab es schon für wenige Hundert Euro.

Inzwischen sind die Preise noch weiter gefallen, die Genauigkeit hat sich verbessert und das System hat sich als zuverlässig erwiesen.

Das bedeutet natürlich nicht, dass man nicht mehr navigieren müsste. Das System sagt einem nur, wo man ist, nicht, wo man sein sollte: ein Empfänger kann unter mangelndem Batteriestrom leiden, und es besteht immer noch die Gefahr, sich bei der Dateneingabe zu »vertippen« oder das Gerät falsch zu bedienen.

Die Funktionsweise

GPS verwendet rund zwei Dutzend Satelliten, die die Erde in 14 000 km Höhe umkreisen (das entspricht einem Umlaufradius von 20 200 km). Die Zahl der Satelliten schwankt etwas, dadurch dass alte abgeschaltet werden und neue hinzukommen. Aber grundsätzlich sollten von jedem Punkt auf der Erde aus mindestens vier Satelliten gleichzeitig zu empfangen sein.

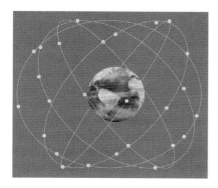

GPS verwendet rund 24 Satelliten, die die Erde in 14 000 km Höhe über der Oberfläche umkreisen.

Was ist GPS?

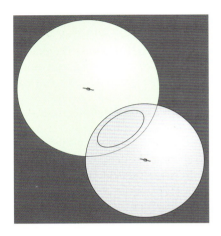

Wenn ein GPS-Gerät die Signale zweier Satelliten empfängt, muss es sich irgendwo auf dem Schnittkreis der beiden »Blasen« befinden.

Mit einer Sendefrequenz, die zehnmal höher ist als die des UKW-Seefunks, nämlich 1575,42 MHz, sendet jeder Satellit ständig seinen Standort und die Uhrzeit. Funkwellen breiten sich mit Lichtgeschwindigkeit aus, etwa 300 000 km (162 000 Seemeilen) pro Sekunde[6]; wenn ein Empfänger also ein Signal 0,07 Sekunden nach der Aussendung erhält, muss der Satellit 21 000 km entfernt sein. Diese Entfernung wird als Pseudorange (Pseudoentfernung) bezeichnet. Man könnte sich die Position des Empfängers irgendwo auf der Oberfläche einer riesigen »Blase« vorstellen, deren Mittelpunkt der Satellit im Augenblick der Aussendung bildet. Der Radius dieser »Blase« ist die Entfernung zum Satelliten, ermittelt aus der Zeit, die das Signal zum Empfänger benötigt. Der Empfänger empfängt die Signale weiterer Satelliten. Bei zwei Satelliten »weiß« das GPS-Gerät, dass es sich irgendwo auf einem Schnittkreis der beiden Blasen befindet. Bei vier Satelliten gibt es nur eine Möglichkeit, wo sich alle vier Blasen schneiden können: im Standort.

---

[6] 1983 wurde im *Système International (SI)* festgelegt, dass ein Meter der 1 / 299 792 458. Teil der Strecke ist, die Licht in einer Sekunde zurücklegt. Die Lichtgeschwindigkeit beträgt damit 299 792 458 Meter pro Sekunde.

Ein großes Problem ist, dass bei allem die exakte Zeit eine wichtige Rolle spielt. Geht die Uhr des Empfängers auch nur um eine Tausendstelsekunde vor, scheint die Entfernung zum Satelliten um 300 km verkürzt. Dann schnitten sich die Blasen nicht in einem bestimmten Punkt, sondern es gäbe einen riesigen Fehlerkörper. In der Praxis können wir davon ausgehen, dass die empfangene Zeit korrekt ist. Jeder Satellit ist mit mehreren genauen Atomuhren ausgestattet, die untereinander und mit denen der anderen Satelliten sowie mit der GPS-Kontrollstation in Colorado abgeglichen werden. Ein GPS-Empfänger für weniger als 150 Euro kann nicht annähernd diese Genauigkeit erreichen. Er kann seine Zeit jedoch den Daten angleichen und das Fehlerdreieck dadurch so klein wie möglich machen. Im Ergebnis haben wir mit dem GPS-Gerät nicht nur eine genaue Position, sondern auch noch eine sehr genau gehende Uhr, deren Zeit sich aus den Signalen vieler Atomuhren ergibt.

GPS-Zeit

Die GPS-Zeit entspricht nicht der Zeit, die wir als Universal Time (UT) kennen. Auch wenn die Geräte uns die Zeit in dem üblichen Format anzeigen, z. B. 31 Dec. 2003 14:11:42, wird sie bei GPS in Wochen und Sekunden gemessen. Ein anderer Unterschied entsteht dadurch, dass die Erde nicht genau 24 Stunden für eine Umdrehung braucht, sondern 24 Stunden und 2 Millisekunden. Um diesen Umstand zu berücksichtigen, wird etwa alle 18 Monate bei UT eine Schaltsekunde abgezogen, damit unsere Zeit astronomisch, also mit dem Sonnenlauf stimmig ist. GPS braucht diese Anpassung nicht, es gibt deshalb dort keine Schaltsekunden. Die Systemzeit wurde anfänglich, am 6. Januar 1980, mit UT synchronisiert und eilt unserer gesetzlichen Zeit inzwischen mehr als 13 Sekunden voraus.

Die Satelliten

Für einen genauen Standort genügen die Signale von vier Satelliten. Daraus könnte man schließen, dass acht Satelliten reichen dürften, vier auf jeder Seite der Erde. In der Praxis sähe das jedoch anders aus: Zu manchen Zeiten wären fünf Satelliten unter dem Horizont, zu anderen Zeiten liefen zwei Satelliten zu dicht

Was ist GPS?

nebeneinander, um einen guten Schnittwinkel zu ergeben. Das ursprüngliche Konzept sah deshalb 18 Satelliten plus drei in Reserve vor.
Mit der Zeit sind die Erwartungen an GPS gewachsen, und zurzeit stehen etwa 28 Satelliten zur Verfügung. Die Zahl schwankt etwas, wenn der Betrieb eines alten Satelliten eingestellt wird oder ein neuer dazukommt. Je vier oder fünf Satelliten folgen einander auf der gleichen Umlaufbahn, und sechs Umlaufbahnen liegen über der Erde verteilt, 20 200 km vom Erdmittelpunkt entfernt.

Zweidimensionale (2-D-)Positionen

Üblicherweise nutzt der GPS-Empfänger mindestens vier Satelliten zur dreidimensionalen (3-D-)Positionsbestimmung – Breite, Länge und Höhe. Wenn der Empfänger seine Höhe kennt, kann er aus drei Satelliten einen 2-D-Ort bestimmen. Er nimmt dazu die Erdoberfläche als vierte Kugel oder »Blase« zur Abstandsbestimmung. Unglücklicherweise ist die Erde keine exakte Kugel: Die Höhe der Meeresoberfläche zum Erdmittelpunkt schwankt mit Ort und Zeit. Eine 2-D-Position (aus drei Satelliten plus Erde) ist daher nie so genau wie eine 3-D-Position (aus vier oder mehr Satelliten).

Die Bauweise der durchaus schweren Satelliten hat sich mit den Jahren verändert. Die experimentellen Satelliten der ersten Generation »Block 1« wogen 760 kg, während die aktuellen Block 2R etwas über zwei Tonnen wiegen. Sie haben etwa 2 m^2 Grundfläche und sind 1,5 Meter hoch. Ihre Solarpaneele spannen fünf Meter weit zu jeder Seite und liefern 2,5 kW Strom.

Der Satellitencode
Anders als bei den alten Funkpeilern oder bei Decca senden GPS-Satelliten alle auf derselben Frequenz. Das bedeutet aber, dass die Signale verschiedener Satelliten unterscheidbar sein müssen. Zudem sind die Signale sehr schwach, was es schwierig macht, sie aus dem Hintergrundrauschen der elektromagnetischen Strahlung herauszufiltern. Beiden Problemen ist man durch die Verwendung eines Pseudozufallscodes (»Pseudo Random Code« oder »Pseudo Random Numerical«, PRN) begegnet. Jeder Satellit sendet seinen eigenen PRN-Code aus über tausend Impulsen in einer Tausendstelsekunde.

Die Satelliten

Jeder Satellit hat seinen eigenen PRN-Code aus über tausend »An«- und-»Aus«-Schaltungen in einer Tausendstelsekunde. Für sich allein würde dieses Signal im Rauschen untergehen, das GPS-Gerät erzeugt jedoch einen identischen PRN-Code und fügt ihn dem empfangenen Signal hinzu.

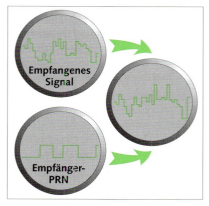

Zunächst trägt der vom Gerät erzeugte PRN-Code nur zur Verwirrung bei ...

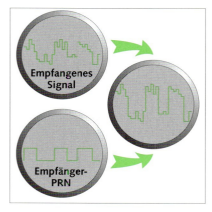

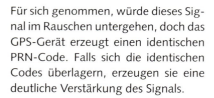

Für sich genommen, würde dieses Signal im Rauschen untergehen, doch das GPS-Gerät erzeugt einen identischen PRN-Code. Falls sich die identischen Codes überlagern, erzeugen sie eine deutliche Verstärkung des Signals.

... aber wenn der Code des Gerätes mit dem empfangenen Signal übereinstimmt, ergibt die Kombination ein deutlich stärkeres Signal.

Was ist GPS?

Die Übereinstimmung des empfangenen PRN-Codes mit dem vom GPS-Gerät erzeugten Code:
- bedeutet eine Basis für die genaue Zeiterfassung
- identifiziert einen bestimmten Satelliten
- erlaubt das Senden mit schwacher Ausgangsleistung
- erschwert eine Störung des GPS-Signals, ob zufällig oder beabsichtigt.

Politik, Codes und Genauigkeit

GPS war ursprünglich für militärische Zwecke vorgesehen. Es gibt auch nach wie vor einen weiteren PRN-Code, der wesentlich schneller und komplizierter ist. Dieser »P-Code« ist potenziell genauer und weniger anfällig für Störungen – aber er ist dem Militär vorbehalten. Um das P-Signal richtig erkennen zu können, braucht ein militärischer Empfänger seine ungefähre Position. Das ist der Grund dafür, dass es den langsameren PRN-Code überhaupt gibt, er dient zur groben Anpassung (CA, Coarse Acquisition) für den genauen P-Code-Empfänger. Um den Nutzen von GPS zu vergrößern, entschied die US-Regierung, den CA-Code für zivile Anwendungen freizugeben, in der Annahme, dass die Positionsgenauigkeit bei 100 Metern läge. Es stellte sich schnell heraus, dass der CA-Code eine Genauigkeit von 15 bis 20 Metern ermöglicht. Um die vorgesehene Spezifikation dennoch zu erreichen, wurden absichtlich Fehler in den Code gegeben, bis die Genauigkeit wieder bei 100 m lag. Dieses Verfahren wurde mit SA, Selective Availability, bezeichnet. Im Mai 2000 wurde die SA auf »0« gesetzt, das heißt abgeschaltet. Die US-Regierung verkündete, nicht die Absicht zu haben, die Selective Availability wieder einzuführen, aber die Möglichkeit dazu hat sie.

Fehler und Genauigkeit
Auch ohne die Selective Availability ist GPS (s. o.) nicht frei von Fehlern. Dazu gehören Positionsfehler der Satelliten, Fehler der Zeitmessung, Ausbreitungsfehler (durch die atmosphärischen Bedingungen) und gerätebedingte Fehler.

	Fehler (Meter) (je Satellit)
Umlaufbahnfehler	2 m
Satellitenuhrfehler	2 m
Strahlenbrechung (Ionosphäre)	5 m
Strahlenbrechung (Troposphäre)	1 m
Empfang reflektierter Signale	1 m
Gerätefehler	<1 m

Manchmal addieren sich die Fehler, manchmal heben sie sich auf. Ein typischer Fehler der Position liegt aber bei etwa fünf bis zehn Meter, hauptsächlich verursacht durch die Strahlenbrechung in der oberen Atmosphäre. So wie die Schnittwinkel bei der terrestrischen Navigation spielen auch die Positionen der Satelliten eine Rolle für die Genauigkeit. Sind die Satelliten gut verteilt, dann schneiden sich die Abstandskugeln in einem günstigen Winkel zueinander, die Position ist vermutlich genau. Die Abschwächung der Präzision, DOP = Dilution Of Precision, ist dann gering. Wenn die Satelliten sich allerdings gerade auf einem Haufen befinden oder der Antennenempfang behindert ist, schneiden sich die Abstandskugeln in einem viel kleineren Winkel und vergrößern die Wirkung jedes Fehlers.

Wenn der Fehler des Satellitensignals 5 m beträgt und der DOP = 3 ist, dann ist der Positionsfehler wahrscheinlich 5 x 3 = 15 m. Ist der Satellitensignalfehler 5 m und der DOP = 8, dann wächst der Positionsfehler wahrscheinlich auf 40 m.

In der Praxis wird der Fehler in der Position bei zivilen GPS-Empfängern bei 15 bis 20 m liegen (mit einem Vertrauensbereich von 95 %).

Sie mögen vielleicht Ihren Standort auf 15 m genau kennen, aber wissen Sie auch, wo die Untiefen liegen? Die meisten Karten beruhen auf Vermessungen, die aus einer Zeit vor den genauen Satellitenpositionen stammen.

Die Genauigkeit von GPS verbessern

Für die Bedürfnisse der Navigation gibt es an der Genauigkeit von GPS nichts auszusetzen. Dennoch gibt es Anwender, die eine höhere Genauigkeit fordern: beim

Was ist GPS?

Militär, im Vermessungswesen, in der Landwirtschaft, wo es darauf ankommt, die richtige Menge Dünger an der vorgesehenen Stelle im richtigen Feld einzusetzen. Ein Ansatz wäre die Reduzierung des größten Fehlers: die Strahlenbrechung in der Atmosphäre. Um dies zu ermöglichen, senden die Satelliten ihre Signale auf zwei verschiedenen Frequenzen, die beide etwas unterschiedlich von der Atmosphäre beeinflusst werden. Durch den Vergleich der beiden Laufzeiten kann der atmosphärische Einfluss errechnet und berücksichtigt werden.
Das erfordert aber aufwendigere und teurere Ausrüstung, die sich für den normalen Anwender kaum lohnen wird.
Die relativ kleinen Auswirkungen der geräteabhängigen Ungenauigkeiten lassen sich mit geringerem Aufwand mindern.

Mehrwegeeffekt / Multipath Error
Seewasser ist ein guter Reflektor für GPS-Signale, sodass ein GPS-Gerät auf dem Wasser höchstwahrscheinlich auch reflektierte Signale empfangen wird. Die haben einen längeren Weg zurückgelegt als die direkt empfangenen, was zu einer Störung der Positionsberechnung führen kann. Solch ein sogenannter Mehrwegeeffekt oder englisch Multipath Error kann minimiert werden, indem die Antenne möglichst niedrig angebracht wird.

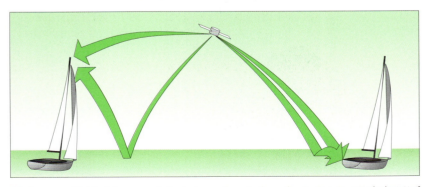

Mehrwegeeffekte können minimiert werden, indem die Antenne möglichst tief montiert wird.

Hintergrundrauschen

Hintergrundrauschen kann dem GPS-Gerät Schwierigkeiten bereiten, das interessierende Satellitensignal zu erkennen, ähnlich dem Rauschen beim UKW-Funk, wenn die Rauschsperre heruntergedreht wird. Ein Teil des Rauschens wird vom Gerät selbst erzeugt, sodass der Benutzer nicht viel daran ändern kann. Wir können aber dafür sorgen, dass äußere Störquellen gemieden werden. Glücklicherweise haben die schwierigsten Störquellen an Bord wie Maschinenelektrik oder Leuchtstoffröhren wenig Wirkung auf das GPS, denn sie verursachen viel niedrigere Frequenzen. Die Hauptprobleme können Radar und aktive Radarreflektoren, Geräte für Satellitenfunk und im geringen Maße auch Mobiltelefone sein. Vor allem das sehr leistungsstarke Radar kann GPS regelrecht betäuben. Die Beeinflussungen können klein gehalten werden, wenn die GPS-Antenne deutlich außerhalb des Radarkegels montiert und wenigstens einen Meter von Antennen für Satellitenanlagen oder aktiven Radarreflektoren entfernt ist. Auch sollte man das Kabel nicht entlang anderer Antennenkabel führen.

Differential GPS (DGPS)

Wenn Sie die Ursache für einen Fehler kennen, sind Sie auf dem besten Wege, etwas dagegen tun zu können. Leider sind die meisten Fehler, die GPS befallen, schwankend und nicht vorhersagbar. Die einzige Möglichkeit, ganz aktuelle Korrekturen zu bekommen, ist über Funk von Sendern an Land.

Um DGPS-Signale zu empfangen, benötigen Sie einen speziellen Empfänger mit eigener Antenne, einen DGPS-Empfänger.

Was ist GPS?

Geeignete GPS-Empfänger, die in der Lage sind, Signale von Referenzstationen auszuwerten (oft als differential ready bezeichnet), erreichen typischerweise die doppelte Genauigkeit, also auf 7 bis 8 m.
Im Prinzip wäre jede Funkfrequenz geeignet, Korrektursignale zu senden. Für die Seefahrt ist es der Frequenzbereich, in dem früher die inzwischen eingestellten Funkfeuer sendeten (ca. 300 kHz). Das ergibt eine gute und kostengünstige Abdeckung der küstennahen Regionen bis zu einigen Hundert Seemeilen Entfernung vom Sender.
Die Frequenz unterscheidet sich so sehr von der GPS-Frequenz, dass ein eigener DGPS-Empfänger mit separater Antenne her muss.

Satelliten-gestütztes DGPS
Eine Alternative sind satellitengestützte DGPS-Sender. Sie haben zum einen den Vorteil, dass der gleiche Frequenzbereich wie für GPS genutzt werden kann und dass damit im GPS-Gerät alles Nötige integriert sein kann.
Zum anderen wird schon durch einen einzigen Satelliten ein Gebiet abgedeckt, das viel größer ist als das landgestützter DGPS-Systeme. Mehrere gekoppelte Refe-

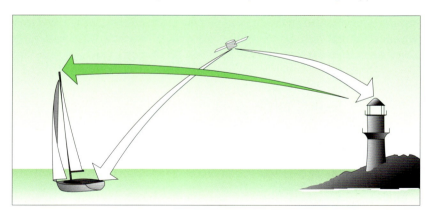

Differential GPS basiert auf Referenzstationen an Land, sie verfolgen die Satellitensignale und verbreiten Korrekturwerte.

renzstationen berechnen die Informationen, satellitengestütztes DGPS verbessert die Genauigkeit auf 3 bis 4 m.
Es gibt drei DGPS-Systeme, die auf Satelliten basieren: Das Wide Area Augmentation System (WAAS) wurde am 10. Juli 2003 wirksam. Es verwendet 25 Referenzstationen und zwei Kommunikationssatelliten. Ganz Nordamerika bis etwa 70° N und die angrenzenden Gewässer in Atlantik und Pazifik werden erfasst.
Das European Geostationary Navigational Overlay Service (EGNOS) wurde 2006 fertiggestellt. Es besteht aus 32 Bodenstationen, die meisten in Europa, einige jedoch in Nord- und Südamerika, Island und Malaysia, und arbeitet mit drei Satelliten, um den Atlantik, den Indischen Ozean sowie Europa und Afrika abzudecken.
Das MTSAT Space-based Augmentation System (MSAS) ist ein Bestandteil des japanischen Satelliten Multifunction Transport Satellite System (MTSAT), das außerdem der Wettervorhersage und Verkehrsüberwachung dient. Der erste MTSAT wurde beim Start zerstört, aber der Ersatz ging erfolgreich 2005 ins All. Das System betreibt acht Referenzstationen in Hawaii, Australien und Japan und deckt den größten Teil der Gebiete ab, die durch WAAS und EGNOS nicht erfasst werden.

Wozu DGPS?

Solange es noch die Selective Availability gab, war GPS für einige Anwender nicht genau genug, dazu gehörten Fischer und Taucher. Inzwischen ist GPS für fast alle Anwendungen auf See genau genug.

DGPS über Satellit ist inzwischen Standard selbst bei preisgünstigen Handgeräten.

DGPS, ob von Land oder Satellit, ist dennoch nützlich, denn es liefert eine kurzfristige Warnung und Korrektur, wenn das GPS-Signal unterbrochen, gestört ist oder »spinnt«. Das Satelliten-DGPS hat den Vorzug, dieses zu sehr niedrigen Extrakosten zu bieten, und ist inzwischen Standard, abgesehen von den ganz einfachen GPS-Bausätzen.

Andere Satellitenverfahren

GPS ist nicht das einzige Satelliten-Navigationsverfahren.
GLONASS wurde von der damaligen Sowjetunion etwa zur gleichen Zeit eingeführt, als die USA GPS etablierten. Es funktioniert auf ähnliche Weise, theoretisch ist die gleiche Genauigkeit möglich, aber es leidet unter mangelnder Wartung. Die russische Regierung hatte angekündigt, GLONASS im Laufe des Jahres 2006 wieder voll einsatzfähig zu machen. Im August 2006 waren 12 funktionierende Satelliten im All. Nun soll bis Ende 2009 das System 24 funktionsfähige Satelliten im All haben, die damit eine weltweite Abdeckung erreichen können.
Galileo ist die europäische Entsprechung zu GPS. Es ist ein sehr viel jüngeres System, das von einer 30-jährigen Entwicklungszeit profitiert. Ein Versuchssatellit wurde 2005 erfolgreich gestartet, und das System soll mit 30 (27 + 3 Reserve) Satelliten bis 2011 komplett sein.

GPS in der Praxis

Die meisten GPS-Geräte unterscheiden sich kaum in ihren Funktionen, aber die Bedienung unterscheidet sich zum Teil erheblich. Erwarten Sie, dass Sie die Bedienungsanleitung lesen und immer wieder auf sie zurückgreifen müssen, bis Sie sich mit Ihrem Gerät vertraut gemacht haben.

Initialisierung

Wenn ein GPS-Empfänger neu ist, längere Zeit nicht eingeschaltet war oder weit transportiert wird, bevor er wieder läuft, hat er keine »Ahnung«, welche Satelliten gerade zu sehen sind, und es wird einige Zeit dauern, bis er die PRN-Codes erkannt hat.
Jeder Satellit sendet die Bahndaten aller Satelliten aus, die sogenannten Ephemeriden. Es dauert jedoch 12¹/₂ Minuten, bis alle Daten empfangen sind, sodass eine Viertelstunde vergehen kann, bis die erste Position angezeigt wird.
- Sie können die Zeit für diese Initialisierung verkürzen, wenn Sie dem GPS die Uhrzeit und angenäherte Position eingeben.

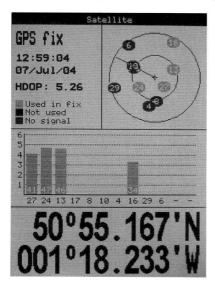

Die meisten GPS-Empfänger können eine Seite mit den erwarteten und aktuell ausgewerteten Satelliten anzeigen.

GPS in der Praxis

- Die meisten Geräte können den Satellitenstatus anzeigen, das heißt welche Satelliten zu erwarten sind und welche bereits erkannt wurden.
- Solange Ihr Gerät noch genügend gültige Daten gespeichert hat, werden Positionen viel schneller ermittelt, meist innerhalb von zwei Minuten nach dem Einschalten, manchmal nach wenigen Sekunden.

Set-up-Optionen

Bevor Sie auf die erste Position ihres neuen Gerätes warten, gibt es einiges zu tun, denn Sie können die Darstellung der Anzeige Ihren Vorlieben anpassen. Einige dieser Set-up-Einstellungen sind kosmetisch, z. B. ob es bei jedem Tastendruck piepen soll, andere Anpassungen sind aber durchaus wichtig.

Zeit

Datum und Uhrzeit werden direkt vom Satelliten empfangen und meist in UTC (entspricht mittlerer Greenwich-Zeit) angezeigt. »Korrigieren« lassen sich diese Informationen nicht, aber sie können wählen, ob Sie die 12-Stunden- oder 24-

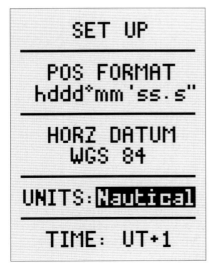

Im Set-up-Menü können Sie wichtige Einstellungen vornehmen, wie die Art der Positionsanzeige, die Wahl des Anzeigeformats und die Zeitzone.

Stunden-Darstellung haben wollen und ob Sie eine Anpassung für die Zeitzone oder die Sommerzeit brauchen.

Einheiten
Als Längenmaß können Sie zwischen »nautical« (Seemeile), »statute« (englische Landmeile) und »metric« (Kilometer, Meter) wählen oder verschiedene Maße kombinieren, z. B. Seemeilen für die Längen- und Meter für Höhenangaben. Achten Sie auf die Voreinstellungen, denn mit steigender Zahl der »Landanwender« von GPS werden viele Geräte mit statute miles oder Kilometern und entsprechend mit Geschwindigkeiten in mph (engl. Meilen pro Stunde) und km/h ausgeliefert.

Positionen
Auch für die Position gibt es verschiedene Formate: Grad, Minuten und Hundertstelminuten (das gebräuchlichste Format zur Navigation auf See); Grad, Minuten und Tausendstelminuten; Grad, Minuten und Sekunden oder eine Reihe anderer Koordinatensysteme.
• Achten Sie darauf, das richtige Kartendatum zu wählen (siehe Seite 16).
• Denken Sie daran, das Kartendatum gegebenenfalls zu ändern, wenn Sie auf eine andere Karte wechseln.

Richtung / Kurse
Richtungen und damit Kurse sind meist auf rechtweisend Nord bezogen, viele GPS-Geräte können aber auch auf missweisend Nord bezogen werden, weil sie Daten zur Missweisung weltweit gespeichert haben, oder man kann die Missweisung manuell eingeben. Manche GPS-Empfänger bieten auch noch andere Maße wie mil (militärisches Maß, entspricht etwa 1/1000 Radian) oder Gon bzw. Neugrad (Vollkreis = 400°).

Alarme
Alarme können in den meisten GPS-Geräten für zum Beispiel Wegpunkte oder für den Cross Track Error eingestellt werden, um bei Annäherung an einen Wegpunkt beziehungsweise bei zu großer seitlicher Abweichung von der Sollkurslinie (siehe Seite 67 ff.) zu warnen.

Standardanzeige

Mit der Verbreitung grafischer Darstellungen auf den Anzeigen verliert die Darstellung numerischer Werte auf dem Bildschirm mehr und mehr an Bedeutung, und auf einigen der neuen Modelle werden Sie eine Weile suchen müssen, bis Sie im Set-up-Menü die Möglichkeit für Breiten- und Längendarstellung gefunden haben.
Alle GPS-Modelle, die für den marinen Bereich geeignet sind, werden Ihnen aber Position, Uhrzeit sowie Kurs und Fahrt über Grund anzeigen können.

Position, Zeit und Datum
Stellen Sie Ihr GPS so ein, dass:
- die Position in Breite (LAT) und Länge (LON) angezeigt wird
- die Position das richtige Format hat (Grad, Minuten und Hundertstelminuten)
- das richtige Kartendatum und die richtige Uhrzeit eingestellt sind.

Zögern Sie nicht, im Set-up-Menü alles so einzustellen, wie es Ihnen nützt.

```
POSITION
49°26.436' N
002°27.924'W

ALT:     29.7m

14:12:43 UT+
11 June 2004

TRACK    SPEED
 263°    4.3kt
```

Die Basisanzeige sollte die Position, Zeit und Datum anzeigen. Track ist der Kurs über Grund, Speed die Fahrt über Grund.

Fahrt und Kurs

GPS-Empfänger ersetzen keinen Kompass, obwohl einige Modelle einen elektronischen Kompass eingebaut haben. Kurs und Fahrt, die das Gerät anzeigt, entsprechen dem Kurs über Grund und der Fahrt über Grund, nicht der Richtung der Schiffslängsachse oder der Fahrt durchs Wasser. Die Abkürzungen, denen Sie begegnen können, sind leider nicht einheitlich, Kurs und Fahrt können heißen:

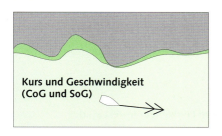

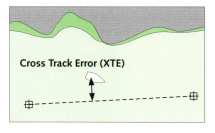

Außer der Angabe der Position kann man von einem GPS erwarten, dass es die Geschwindigkeit und die Bewegungsrichtung zeigt, außerdem die Richtung und die Entfernung zum eingestellten Wegpunkt und den Cross Track Error.

- Course, Speed (CRS, SPD)
- Heading, Speed (HDG, SPD)
- Track, Velocity (TRK, VEL)
- Course over Ground, Speed over Ground (CoG und SoG)

Wegpunkt-Navigation

Fast alle GPS-Geräte bieten die Möglichkeit, Wegpunkte einzugeben und Routen anzulegen. Ein Wegpunkt ist einfach eine Position, ursprünglich ist ein Wegpunkt ein Ort, der auf einer geplanten Route liegt. Aber warum sollte er nicht für andere

Zwecke genutzt werden? Man kann ihn als als einen Punkt ansehen, den es zu meiden gilt, für Gefahrenstellen, oder als einen Punkt, von dem man sich nicht entfernen will, am Ankerplatz, oder als einen willkürlichen Referenzpunkt.
Eine Route ist eine geplante Wegstrecke, bestehend aus einer Folge von miteinander durch gerade Verbindungslinien verbundenen Wegpunkten.
- Wegpunkte werden auch als Markierungen (marks), Landmarken (landmarks) oder Routenpunkte (routepoints) bezeichnet.
- Die Bedienung für die Eingabe und Speicherung von Wegpunkten ist vom Gerät abhängig, Anleitung lesen!
- Einer der nützlichsten Wegpunkte ist die Tonne zur Ansteuerung Ihres Hafens oder die Hafeneinfahrt.

»Go To«
Die einfachste Route hat nur einen Wegpunkt – Ihr Ziel. Viele Geräte haben deshalb eine Taste mit der Aufschrift »Go To«, mit der Sie eine Route sehr einfach einrichten können: Sie drücken »Go To« und wählen dann ein Ziel, einen Wegpunkt aus der Wegpunktliste auf dem Bildschirm. Das GPS führt Sie an das Ziel mit folgenden Angaben:
Distance to Waypoint, Abstand zum Wegpunkt = die Entfernung von Ihrer augenblicklichen Position zum gewählten Wegpunkt.
Bearing to Waypoint, Peilung zum Wegpunkt = die rechtweisende Peilung zum Wegpunkt.
Time to Go, verbleibende Fahrtzeit = Die augenblicklich berechnete Zeit bis zum Erreichen des Wegpunktes ETE (Estimated Time En Route) oder ETA (Estimated Time of Arrival), vorausgesetzt die Geschwindigkeit wird beibehalten.

Die seemännische Sorgfalt gebietet ...

So groß die Versuchung ist, in Richtung Sonnenuntergang aufzubrechen – in der Realität erfordert jede Fahrt, egal wie kurz, eine gewisse Planung. Vernachlässigen Sie die Planung und Sie werden schnell mal den Tidenstrom gegenan haben oder finden eine Tidenschleuse geschlossen vor und müssen Stunden bis zur nächsten Öffnung warten – oder es geschieht noch Schlimmeres.

Über diese praktischen Erwägungen hinaus gibt es Vorschriften, denen zufolge der verantwortliche Führer ab Surfbrett aufwärts gehalten ist sicherzustellen, dass die beabsichtigte Fahrt mit den erforderlichen aktuellen Karten und nautischen Unterlagen geplant wird. Insbesondere ist zu berücksichtigen:
- ein aktueller Wetterbericht,
- Wasserstands- und Gezeitenvorhersage,
- Grenzen des Bootes und der Crew,
- besondere Gefahren,
- auf unvorhergesehene Ereignisse gefasst sein,
- eine Person an Land über Details der Reiseplanung informieren.

Cross Track Error (oft abgekürzt XTE) = der seitliche Abstand zur Sollkurslinie, von der Anfangsposition bis zum Wegpunkt.

Grafische Darstellungen wie die »Kompass-« oder »Autobahn«-Darstellung geben die Informationen in leicht eingängiger Form wieder.

Routennavigation

Es ist nicht vorgeschrieben, eine Route auf der Karte als Vorgabe einzuzeichnen. Für jeden, der auf herkömmliche Weise navigiert, vor allem auf einer Segelyacht, wäre das wenig sinnvoll. Es ist eher üblich, so weit wie möglich in die gewünschte Richtung zu laufen, den Weg durch Koppeln und Peilung mit zu verfolgen und den Kurs von Zeit zu Zeit anzupassen.

Um GPS bestmöglich zu nutzen, müssen Sie mit einem Teil dieser Tradition brechen. Denn eine geplante Route in die Karte einzuzeichnen, entspricht dem, was man als Wegpunktnavigation bezeichnet.

Es ist ein sehr nützliches Verfahren, obwohl die Bezeichnung etwas unglücklich ist, weil sie den Eindruck erweckt, dass eine Route durch vorgegebene Wegpunkte bestimmt wird. Dieser Eindruck wird noch verstärkt durch die Veröffentlichung von Wegpunktlisten in Revierbüchern oder fest gespeicherten Standard-Wegpunkten in manchen neu gekauften GPS-Modellen.

Routenplanung besteht allerdings nicht darin, Verbindungslinien entlang einer Reihe von mehr oder weniger willkürlichen Wegpunkten zu ziehen. Lassen Sie die Route die Positionen der Wegpunkte bestimmen, nicht umgekehrt.

Eine brauchbare Methode haben Sie, wenn Sie mit Bleistift und freier Hand den Weg um die Hindernisse herum zeichnen. Dann suchen Sie die Stellen, an denen Sie besonders einfach ohne elektronische Hilfsmittel Standlinien feststellen können (z. B. wo die Kurslinie eine leicht erkennbare Peillinie quert). Diese Stellen sind die besten Kandidaten für Wegpunkte.

Verbinden Sie zunächst diese Wegpunkte mit Lineal und Bleistift, bevor Sie die langen Linien zwischen den weit auseinanderliegenden Wegpunkten ziehen. Auf diese Weise entgehen Sie der Versuchung, entweder die Ecken zu eng zu nehmen oder Umwege in Kauf zu nehmen, nur weil es bequemer ist, Positionen ohne Kommastellen zu wählen.

Es hilft auch, wenn Sie die Kurse und Distanzen zwischen den Wegpunkten in der Karte ausmessen und eintragen. Natürlich gibt Ihnen das auch einen Überblick über die Gesamtdistanz Ihres Törns, auch wenn das, was Sie gezeichnet haben, nicht viel Ähnlichkeit mit Ihrem tatsächlichen Kurs haben sollte. Es hat aber zwei Vorzüge.

Erstens haben Sie eine gute Überprüfungsmöglichkeit für Ihre Eingaben in das GPS-Gerät. Wenn die Karte zwei Wegpunkte in acht Seemeilen Entfernung

 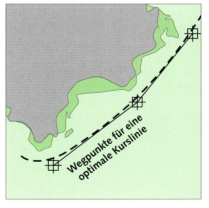

Lassen Sie die Route bestimmen, welche Wegpunkte Sie wählen, nicht umgekehrt.

zueinander zeigt, mit einer Richtung von 290°, das GPS-Gerät aber eine Distanz von 58 Seemeilen und eine Peilung von 188° angibt, dann kann offensichtlich eines von beidem nicht stimmen. Das ist zum Beispiel genau das, was Ihnen passieren kann, wenn Sie die Breite um genau einen Grad falsch eingetippt haben. Sicher, wenn Sie noch niemals eine falsche Nummer gewählt haben sollten, brauchen Sie sich darum nicht zu kümmern!
Zweitens bahnt Ihnen dieses Vorgehen den Weg zu einem weiteren Verfahren, das man als Leiterplotten bezeichnen könnte.

Routen und Wegpunkte unterwegs

Die Navigation endet natürlich nicht damit, dass Sie Kurse in die Karte eingezeichnet haben. Der Sinn ist ja, dass Ihr Boot sich in der Wirklichkeit so bewegt, wie Sie es in der Karte geplant haben.

Startfehler

Das erste Problem kann auftauchen, wenn Sie noch im Hafen oder an der Mooringtonne liegen.
Ihr GPS zeigt nämlich einen Kurs zum ersten Wegpunkt, der gar nicht steuerbar ist, weil er über die Hafenmole führt. Dies wird manchmal als Startfehler bezeichnet, obwohl man eigentlich nicht von einem Fehler sprechen kann.
Der menschliche Navigator geht davon aus, dass der Rudergänger die ersten Meter des Törns nach Augenmaß aus dem Yachthafen steuert. Es gibt gute Gründe, dies zu tun, aber das GPS-Gerät wird nicht »wissen«, wo Hafenmolen, Stege und Land im Weg liegen, und wird ganz korrekt den Kurs zum ersten Wegpunkt anzeigen.

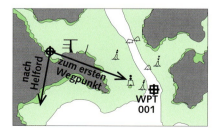

Der sogenannte Startfehler ist kein echter Fehler. Das GPS-Gerät wird den Kurs und die Entfernung zum ersten Wegpunkt schon richtig anzeigen, auch wenn er nicht ansteuerbar ist.

Das mag alles ganz offensichtlich scheinen, aber Sie sollten dennoch berücksichtigen, wo die Wegpunkt-Route beginnt und wo sie endet. Beim Verlassen von Falmouth Richtung Helford zum Beispiel ist es sinnvoll, den ersten Wegpunkt an der Verengung zur Hafeneinfahrt zu legen. Es ist klar, dass Sie von der Marina aus nicht direkt darauf zuhalten können (s. Abb. Seite 65). Aber sobald Sie den Liegeplatz und die kommerziellen Hafenanlagen passiert haben, wird der Rudergänger wissen wollen, wo der Punkt kommt, wenn er nicht mehr der Betonnung folgen, sondern auf einen Wegpunktkurs gehen soll.

Cross Track Error
Jeder weiß, dass die kürzeste Entfernung zwischen zwei Punkten eine gerade Linie ist. Der Cross Track Error, der uns sagt, wie weit wir uns von dieser Ideallinie entfernt haben, ist also eine besonders nützliche Angabe. Besonders Anfänger finden es oft viel leichter nach der »Autobahn«-Anzeige zu steuern, als auf den traditionellen Steuerkompass zu achten.

Die »Autobahn«-Darstellung ist vor allem bei den Anfängern unter den Rudergängern beliebt. Steuern, indem man auf der »Bahn« bleibt, ist einfacher, als den XTE-Wert auf null zu halten.

Das hat ein paar Nachteile. Der erste liegt in dem verständlichen Bestreben, den Cross Track Error auf null zu halten und kleine Abweichungen durch zu starke Ruderlagen überzukompensieren, das Resultat ist ein Zickzackkurs.
Das wäre so ähnlich, als steuerten Sie Ihr Auto, indem Sie sich aus dem Fenster lehnten und immer darauf achteten, dass der Abstand zwischen dem Vorderrad und der Mittellinie gleich bliebe. Das würde Ihnen natürlich nicht einfallen, sondern Sie steuern Ihr Auto, indem Sie nach vorn sehen und darauf achten, dass es zischen Mittellinie und Fahrbahnrand bleibt. Das lässt sich entsprechend auf den Cross Track Error übertragen. Sie setzen sich eine Grenze für den XTE, sagen wir eine Viertelseemeile, und halten sich innerhalb der Grenzen, indem Sie den Trend der Abweichung beobachten und mit kleinen Kurskorrekturen reagieren.
Das zweite Problem mit der XTE-Anzeige liegt darin, dass GPS nichts über (Gezeiten-)Strom weiß. Auf einer Linie zu steuern mag eine brauchbare Methode für kurze Entfernungen sein, aber bei Tidenstrom muss man nach einer Stunde schon mit einer merklichen Stromänderung rechnen. Gerade bei starkem Strom und geringer Fahrt ist das Laufen auf einer Linie häufig keine gute Methode.

Annäherung an den Wegpunkt
Fast alle GPS-Geräte kennen die Funktion »Wegpunktalarm«, um Ihnen die Annäherung an den angesteuerten Wegpunkt zu melden (suchen Sie im Set-up-Menü). Im einfachsten Fall ist die Funktion nur ein Alarm bei Unterschreiten einer

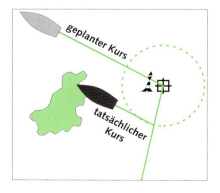

Den Kurs zu ändern, sobald der Abstandsalarm zum Wegpunkt ertönt, kann bedeuten, dass Sie auf einer anderen Kurslinie laufen als beabsichtigt.

bestimmten eingestellten Entfernung. Wenn Sie den Alarm auf 200 m einstellen, dann wird er aktiviert, wenn Sie diesen Abstand unterschreiten, egal ob der Wegpunkt voraus liegt oder querab.

Häufig ist aber noch eine andere wichtige Funktion damit verbunden, nämlich dass Ihr GPS-Gerät oder Ihr Plotter dann automatisch auf den folgenden Wegpunkt umschaltet.

Einige anspruchsvollere Geräte reagieren, sobald Sie die Kurslinien zum folgenden Wegpunkt schneiden oder wenn Sie ohne den Kurs zu ändern die kürzeste Entfernung erreicht haben, oder wenn Sie die Winkelhalbierende am Wegpunkt zwischen altem und neuem Kurs schneiden. Alle diese Möglichkeiten sind zu Ihrer Unterstützung entwickelt worden, aber Sie sollten sich im Klaren sein, was die Methode, die Sie nutzen, bedeutet. Im Zweifelsfall bleiben Sie beim Abstandsalarm.

Auch einen Wegpunktalarm mit Abstandskreis sollte man sorgfältig nutzen, vor allem in Kombination mit einer Selbststeueranlage:
- Es ist nicht sinnvoll, den Abstandsalarm auf eine Entfernung zu stellen, die kleiner als die Systemgenauigkeit ist. Selten lohnt sich eine Einstellung auf unter 0,1 Seemeilen (ca. 200 m), denn wenn Sie den Wegpunkt nicht dicht genug passieren, wird der neue Wegpunkt im GPS nicht aktiviert.
- Wenn Sie einen großen Abstand einstellen, müssen Sie damit rechnen, dass der Alarm reagiert, wenn Sie noch in einiger Entfernung zum Wegpunkt stehen. Also, wenn Sie den Kurs ändern, sobald der Alarm ertönt, befinden Sie sich möglicherweise nicht auf der beabsichtigten Kurslinie.

Wenn Sie einen Wegpunkt erreicht haben, kontrollieren Sie ihn nach Sicht, auf der Karte oder über Echolot: Falls Sie Ihre eigenen Wegpunkte nutzen, wird das einfach sein!

Mit Wegpunkten die eigene Position verfolgen

Die eigene Position zu kennen ist nur sinnvoll, wenn man sie auf die Umgebung beziehen kann, üblicherweise, indem man sie in der Karte verfolgt.

Offensichtlich geschieht die Positionsbestimmung mit GPS, indem man Breite und Länge abliest und auf die Karte überträgt. Aber die Wegpunktfunktion bietet weitere Möglichkeiten, die schneller und einfacher und deshalb zuverlässiger sind.

Mit Wegpunkten die eigene Position verfolgen

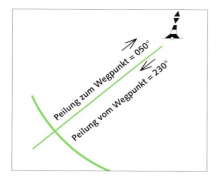

Eine Position nach Peilung und Abstand zu einem Wegpunkt zu finden ist oft einfacher und schneller als das Übertragen von Breite und Länge. Aber bedenken Sie, dass die Peilung immer zum Wegpunkt angezeigt wird (nicht vom Wegpunkt). Also 180° vom Wegpunkt aus addieren oder abziehen.

Halten Sie regelmäßig Ihre Position fest, in der Seekarte oder im Logbuch.

Abstand und Peilung zum Wegpunkt

Das GPS-Gerät gibt Ihnen die Entfernung und die Peilung zum nächsten Wegpunkt an. Wenn der Wegpunkt z. B. 1,9 sm in 230° liegt, wissen Sie, dass Sie auf einer Peillinie in Richtung 230° stehen, die durch den Wegpunkt geht. Außerdem stehen Sie auf einem Kreis mit einem Radius von 1,9 sm mit dem Wegpunkt im Zentrum.

Diese Methode ist gut für kurze Distanzen, aber der Fehler wächst mit zunehmender Entfernung. Alle sechs Seemeilen steigt die Positionsabweichung für einen Grad Unterschied um 185 Meter.

Wegpunktnetz / Koppelspinne

Eine Variante ist hilfreich bei Tagestouren oder beim Ansteuern eines Wegpunkts. Sie ist zwar etwas aufwendig in der Vorbereitung, erspart einem aber die Kartenarbeit unterwegs.

Zeichnen Sie eine Art Kompassrose um einen Wegpunkt Ihrer Wahl, z. B. die Hafeneinfahrt oder die erste Fahrwassertonne. Fügen Sie Abstandsringe hinzu – Sie erhalten eine Art Spinnennetz, eine Koppelspinne. Abstand und Peilung zum Wegpunkt können Sie jetzt schnell und erstaunlich genau in der Karte finden, ohne zusätzlich zeichnen zu müssen.

GPS in der Praxis

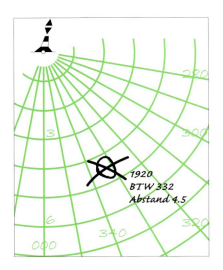

Ein Spinnennetz aus Peilstrahlen und Abstandsringen um den Wegpunkt hilft, das Koppeln zu beschleunigen.

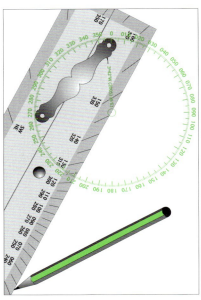

Der Mittelpunkt einer Kompassrose auf der Karte kann als Referenzpunkt (als Wegpunkt) gespeichert werden, um das Herausnehmen der Peilungen zu erleichtern.

Abstand und Peilung von einer Kompassrose

Das funktioniert nach genau dem gleichen Prinzip wie oben beschrieben, nur dass Sie hier die Kompassrose auf der Seekarte benutzen. Es ist zwar sehr unwahrscheinlich, dass Sie ausgerechnet dorthin wollen, aber es erleichtert Ihnen die Arbeit. Einfach eine gerade Kante durch die Kompassrose legen, und Sie können die Peilung finden (Bearing to Waypoint gilt aber vom Boot aus gesehen, deshalb auf der gegenüberliegenden Seite ablesen).

Kreuzen

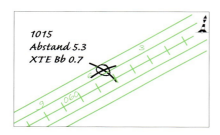

Auf langen Kursen können Sie Ihren Weg auf der Koppelleiter verfolgen mithilfe von Peilung, Bearing to Waypoint, und Abstand, Distance to Waypoint.

Die Cross Track Error-Leiter
Über lange Distanzen werden Peilungen ungenau, und ein großes Netz ist umständlich zu zeichnen.
Sie können die Peilung Bearing to Waypoint und den XTE auf ähnliche Weise verwenden. Sie zeichnen eine »Leiter« mit Abstandsmarkierungen (»Sprossen«) quer zur Kurslinie und für den XTE Linien parallel zum Kurs. Der Abstand zum Wegpunkt verrät Ihnen, auf welcher Sprosse der Leiter Sie sind.
Ein Leiterplott ist genau, solange der Abstand zum Wegpunkt deutlich größer ist als der Cross Track Error. Bei Abständen unter fünf bis sechs Seemeilen sollte man überlegen, auf die Koppelspinne zu wechseln.

Kreuzen
Wer nach Luv segeln muss, wird sein Ziel meist nicht exakt in Windrichtung haben, sondern ungleich lange Kreuzschläge machen müssen.
Bei offenem Wasser und ohne Strom wird man dem Bug, auf dem man sich schneller dem Ziel nähert, den Vorzug geben. Dies geschieht beinahe instinktiv und ist sicher die richtige Strategie. Viel schwieriger ist die Frage, wo man die Wenden machen soll. Zwei Strategien, das Sektor-Verfahren und das Korridor-Verfahren, können einem helfen, nicht alles auf eine Karte zu setzen, bevor man sich einem Winddreher aussetzt.

Das Sektor-Verfahren
Beim Navigieren auf der Seekarte würde man beim Sektor-Verfahren damit beginnen, eine Linie von der Zielposition einzutragen, die direkt der Peilung zur Wind-

richtung entspricht. Dann kommen zu beiden Seiten noch Linien dazu, sodass man einen Sektor erhält. Die Größe dieses Sektorenwinkels hängt davon ab, wie sicher man vor Winddrehungen sein will. Ein kleiner Winkel von 10° garantiert ein sehr geringes Risiko, bedeutet aber kurze Kreuzschläge in der Nähe des Ziels. Bei 60° hat man längere Kreuzschläge, aber auch ein höheres Risiko, bei einer Winddrehung eine ungünstigere Lage zu erwischen. Ein guter Kompromiss ist, zwei Winkel von je 15 bis 20 Grad zur Peillinie einzutragen, das ergibt einen Sektor von 30 bis 40 Grad.

Das Gute beim GPS ist, dass Sie hier auf die Zeichenarbeit verzichten können, Sie geben einfach einen entsprechenden Wegpunkt als Ziel ein. Dann beobachten Sie die Windrichtung, 180° hinzuzählen (oder abziehen), und zeichnen sie am Wegpunkt ein. Dann zeichnen Sie die Winkel ein, um den gewünschten Sektor zu erhalten.

Zum Beispiel: Angenommen, der Wind käme aus SSW und Sie wollen innerhalb eines 40°-Sektors bleiben:

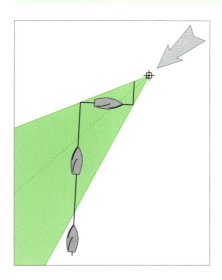

Beim Kreuzen kann eine Yacht im Sektor zu einem Wegpunkt gehalten werden, dabei die Peilung zum Wegpunkt beachten.

SSW = 202°
Die Peilung gegen den Wind zum Wegpunkt ist 202°. Ein 40°-Sektor bedeutet 20° zu jeder Seite, das heißt 202° + 20° = 222° bis 202° − 20° = 182°
Sie wenden immer, wenn die Peilungen zum Wegpunkt 202° oder 182° sind.

Das Korridor-Verfahren
Ein Nachteil beim Sektor-Verfahren ist, dass die Kreuzschläge am Anfang der Strecke lang sind und am Ende, wenn die Crew müde ist, die Wenden immer kürzer aufeinander folgen. Eine Alternative ist das Kreuzen im Korridor. Das Prinzip ist ähnlich, nur dass das Ziel nicht durch einen Sektor führt, sondern durch einen Korridor, der von parallel zur Peillinie verlaufenden Grenzen gebildet wird.
Auf dem Papier wäre auch die Vorbereitung der des Sektor-Verfahrens ähnlich, nur eben mit den parallelen Begrenzungen anstelle der beiden Winkel.
Die Ähnlichkeit mit der XTE-Leiter ist offensichtlich. Der Unterschied ist, dass Sie den Cross Track Error auf null setzen müssen, wenn Sie das erste Mal die Wind-

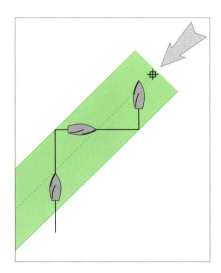

Eine Alternative zum Sektor ist der Korridor. Hier ist es der Cross Track Error, der Ihnen verrät, wann Sie wenden müssen.

Peillinie zum Wegpunkt passieren. Wie Sie das machen, hängt von Ihrem Gerät ab. Es kann beispielsweise bedeuten, dass Sie in dem Augenblick, wenn die Peilung zum Wegpunkt der Windrichtung entspricht, eine alte Route verlassen, um den neuen Luv-Wegpunkt zu aktivieren. Wieder ist die Breite des Korridors eine »Geschmacksfrage«. Bei zwei Seemeilen Breite müssten Sie immer wenden, sobald der Cross Track Error auf eine Seemeile gewachsen ist. Wieder sind Sie mit einem schmalen Korridor besser vor den Auswirkungen von Winddrehern geschützt. Wie auch immer Sie sich entscheiden, wichtig ist, dass Sie sich an Ihren Plan halten und nicht warten, bis »der Tee ausgetrunken ist«.

Anliegen am Wind

Zur Taktik des Kreuzens gehört es, mit dem letzten Kreuzschlag, hoch am Wind, das Ziel auf einem Anliegekurs zu erreichen, also ohne vor der Wende weiter als nötig nach Luv zu laufen.

Für den traditionellen Navigator, vor allem wenn er keine Regatten segelte, war diese Frage oft nebensächlich – »... wir gehen 'rum, wenn die Tonne querab ist«, bei Strom wendete man vielleicht, je nachdem, etwas früher oder später.

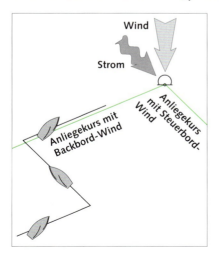

Der Anliegekurs ist der Kurs, auf dem Sie Ihr Ziel erreichen können, ohne eine weitere Wende machen zu müssen. Merken Sie sich die Am-Wind-Kurse (CoG) auf jedem Bug, und wenden Sie, immer wenn die Peilung zum Wegpunkt den Am-Wind-Kurs erreicht hat, den Sie vorher auf dem anderen Bug hielten.

GPS erleichtert aber das Finden des richtigen Kurses. Angenommen, Strom und Wind sind etwa konstant – was für einen Zeitraum von einer Stunde auch in Tidengewässern oft gelten wird –, dann merken Sie sich der Kurs über Grund (je nach GPS-Gerät, z. B. CoG oder CMG) auf jedem Bug.
Dann beobachten Sie die Bearing to Waypoint-Anzeige (z. B. BTW, BW) und wenden immer dann, wenn die Anzeige Ihren beobachteten Am-Wind-Kurs erreicht hat.

GPS zur Ansteuerung

In älteren Navigationsbüchern steht manchmal noch, dass GPS nicht für die Ansteuerung von engen Einfahrten benutzt werden darf. Das ist zur Zeit der willkürlichen Ungenauigkeit von 100 m sicher richtig gewesen. Inzwischen geben die mit zivilen Geräten erreichten 15 m jedoch einen Grund, die Bedenken etwas zurückzunehmen.

Wegpunkt-Regeln

- Lassen Sie die Route bestimmen, wo die Position der Wegpunkte liegt, nicht umgekehrt.
- Wenn möglich, legen Sie die Wegpunkte an Orte, die Sie auch mit konventionellen Methoden leicht finden können.
- Benutzen Sie nie Wegpunkte aus irgendwelchen Listen oder Handbüchern, ohne diese vorher in der Karte überprüft zu haben. Das könnte zu gefährlichen Abkürzungen oder unnötigen Umwegen führen.
- Überprüfen Sie die Strecken zwischen den Wegpunkten, nicht nur die Wegpunkte allein. Führen die Strecken gefährlich nahe an Gefahrenstellen vorbei? Wenn ja, verschieben Sie einen Wegpunkt oder fügen einen zusätzlichen ein.
- Es ist leichter, beim Eintippen von Breite und Länge einen Fehler zu machen, als sich beim Telefonieren zu verwählen. Lassen Sie, wenn möglich, eine andere Person die Positionen überprüfen.
- Wenn alle Wegpunkte im Gerät gespeichert sind, lassen Sie sich die Route mit Distanzen und Kursen anzeigen und prüfen Sie, ob Kurse und Entfernungen mit denen in der Karte übereinstimmen.

GPS in der Praxis

In den meisten Fällen wird GPS genauer sein als andere Mittel, die bei der Ansteuerung helfen, vielleicht abgesehen von einer Deckpeilung. Falls es Probleme gibt, liegen die eher daran, dass GPS genauer ist als die Seekarte. Sie könnten also auf einen Stein laufen, nicht weil Sie an der falschen Stelle sind, sondern weil der Stein nicht da ist, wo ihn die Seekarte zeigt. In der Praxis müssen Sie also nach wie vor GPS mit Vorsicht verwenden, wenn Sie durch eine enge Ansteuerung zu einem fremden Hafen laufen.

Grenzpeilungen
Die Abbildungen zeigen eine Bucht, die von felsigen Untiefen umsäumt ist.
In der konventionellen terrestrischen Navigation würden Sie als Navigator hier wohl ein Peilobjekt an Land wählen, um zwei Peillinien einzuzeichnen, die an den Grenzen des befahrbaren Sektors liegen. Das wären die Grenzpeilungen, zwischen denen Sie sich beim Ansteuern bewegen dürften, kontrolliert mit dem Peilkompass.
Die Abb. unten links zeigt ein Beispiel mit mehreren Untiefen in der Bucht. Glücklicherweise ist an Land eine Kirche, die das Peilobjekt sein soll. Die beiden Peilungen wären 008°, um sich von den beiden östlichen Untiefen freizuhalten, und 042°, um von der westlich gelegenen klar zu bleiben. Solange die Peilung zur

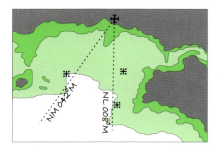 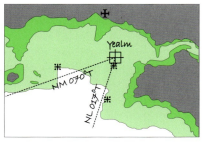

Peillinien an einem identifizierbaren Objekt (links, M steht für »Magnetic«) für den Peilkompass, um im sicheren Ansteuerungssektor zu bleiben. GPS-Grenzpeilungen können das Gleiche mit einem wählbaren Wegpunkt leisten (rechts, T für »true« = rwP/rechtweisende Peilung).

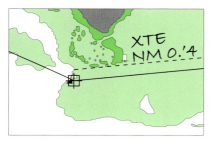

Die zulässigen Grenzen für den Cross Track Error zu kennen hilft Ihnen, von Gefahren fernzubleiben, und bedeutet, dass Sie sich nicht gleich Sorgen machen müssen, wenn Sie mal ein paar Meter danebenliegen.

Kirche also größer als 008° und kleiner als 042° ist, sind Sie im sicheren Sektor. Sie könnten das Gleiche erreichen, wenn Sie die Position der Kirche in Ihr GPS-Gerät eingeben und es als Wegpunkt aktivieren, aber wozu? Der Vorteil beim GPS ist, dass Sie sich auch irgendeinen anderen, unsichtbaren Ansteuerungspunkt in der Karte aussuchen können, Sie müssen sich nur die Mühe machen, die Grenzpeilungen dann in die Karte einzutragen. In unserem Beispiel hat der Punkt, der zur GPS-Ansteuerung dient, den Namen »Yealm« bekommen.

Die XTE-Grenze

Eine Variante der Idee, Grenzlinien zu verwenden, ist, für die verschiedenen Streckenabschnitte den maximal akzeptablen Cross Track Error herauszusuchen. Das ist besonders für Routen, die dicht entlang von Gefahrenstellen führen, ratsam.

Elektronische Seekarten

Eine elektronische Seekarte zeigt Ihnen die aktuelle Position in Form einer Markierung in einer auf einem Bildschirm dargestellten Seekarte. Hinter dieser einfachen Beschreibung steckt eine wachsende Zahl von Produkten, von den in der Berufsschifffahrt verwendeten, die auf speziellen Computern mit angepassten Kontrollpaneelen und Bildschirmen in großem Format laufen, bis zu den Hand-GPS-Geräten mit kleinen, einfachen monochromen Displays. Einige Plotter enthalten einen eingebauten GPS-Empfänger, während andere an ein externes Gerät angeschlossen werden müssen.
Um einen besseren Überblick zu bekommen, hilft es, die Systeme zu unterscheiden.

ECDIS oder ECS?
Die Abkürzung ECDIS steht für Electronic Chart Display and Information System (Elektronisches Kartendarstellungs- und Informationssystem). Sie bezeichnet solche elektronischen Seekartensysteme, die internationalen Standards für ausrüstungspflichtige Schiffe entsprechen. ECS steht für Electronic Charting System (Elektonisches Seekartensystem). Streng genommen, schließt dieser Ausdruck ECDIS ein, aber üblicherweise werden mit ECS die elektronischen Seekarten bezeichnet, die nicht den Anforderungen an ECDIS entsprechen. Darunter befindet sich die überwiegende Mehrzahl der auf Yachten eingesetzten elektronischen Seekarten, einschließlich der kompletten Kartenplotter und der auf Computer und Notebook basierenden Systeme.

> **Position nach Vorschrift**
>
> Das »Internationale Übereinkommen zum Schutz des menschlichen Lebens auf See« SOLAS (Safety of Life at Sea Convention) schreibt für Handelsschiffe, die eine gewisse Größe überschreiten, amtlich zugelassene Seekarten vor. ECDIS erfüllt diese Zulassungsvorschriften durch Vektorkarten (ENC, Electronic Navigational Charts), solange ein zweites System, z. B. in Form von Papierkarten, vorhanden ist. Rasterkarten (RNC) dürfen in Seegebieten ohne Vektorkarten benutzt werden, jedoch nur in Verbindung mit Papierseekarten. Die SOLAS-Bestimmungen gelten nicht in dieser Form für kleine Fahrzeuge

und Yachten, vor allem müssen nicht zwingend amtliche Seekarten benutzt werden. Dennoch werden auch von Yachtseglern eine angemessene Ausrüstung und aktuelle Seekarten verlangt. Die Seekarten, ob Papier oder elektronisch, können von einem der vielen nicht amtlichen Seekartenhersteller stammen. Die Regelung ist bisher noch nicht vor Gericht getestet worden, aber es ist sinnvoll, Ersatz für elektronische Seekarten mitzuführen, und ein Gericht könnte die Meinung vertreten, dass auch bei Sportbooten elektronische Rasterkarten durch Papierkarten zu ergänzen seien. Die Papierseekartensammlung müsste dann vielleicht nicht so umfangreich sein wie für eine ausschließlich traditionelle Navigation, kleinmaßstäbige Übersegler mit einigen Detailkarten zum Ansteuern bestimmter Häfen könnten reichen.

Hardware oder Software?
Alle elektronischen Seekartensysteme bestehen aus Hardware und Software (siehe Seiten 25 ff.). Aber hier werden die Begriffe »Hardware« und »Software« benutzt, um die auf fast jedem Rechner lauffähigen Seekartenprogramme von den integrierten Komplettlösungen zu unterscheiden, in denen die Seekartenprogramme mit dem umgebenden Gerät eine Einheit bilden (die eigentlichen Kartenplotter).

Raster oder Vektor?
Das dritte Unterscheidungsmerkmal für elektronische Seekarten bezieht sich auf die Art der Seekarte: Raster- oder Vektorkarte. Fast alle Kartenplotter benutzen Vektorkarten, die meisten Softwarelösungen dagegen Rasterkarten, auch wenn es einen Trend gibt, dass sich bei Letzteren immer mehr Vektorkarten verbreiten.

Rasterkarten

Rasterkarten entsprechen Fotos oder Abbildungen von Papierseekarten. Die Papierkarten oder die Vorlagen für deren Druck werden auf großformatigen Scannern wie bei einem Fax-Gerät eingelesen.
Ein Fax liest ein Dokument Zeile für Zeile ab. Jede Zeile besteht aus einer Anzahl von Pixeln (Bildelementen), deren Position, Farbe und Helligkeit über die Telefon-

Elektronische Seekarten

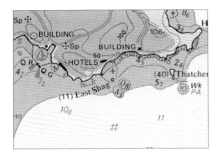

Eine Rasterkarte sieht aus wie eine Papierkarte.

Einige Programme ermöglichen die Farben der Rasterkarten zu ändern, sodass sie nachts weniger blenden.

leitung weitergesendet werden. Wir können dies am empfangenden Faxgerät, das die Signale wieder zu einem gleichartigen Bild zusammenfügt, oft an dem typischen Rauschen und Knacken hören.

Ein Kartenscanner funktioniert ähnlich, nur werden die Pixel und deren Positionen hier in einer Datei gespeichert.

Rasterkarten sehen genauso aus wie die entsprechenden Papierkarten. Nichts wird hinzugefügt oder weggelassen, doch lassen sich solche, die von Filmen abgescannt wurden, farblich anpassen, sodass sie für den Gebrauch bei Nacht weniger blenden.

ARCS-Karten

Obwohl es etliche Hersteller von Rasterkarten gibt, sei hier stellvertretend das umfangreichste Kartenwerk, das Admiralty Raster Chart System (ARCS), genannt. Es wird vom britischen Hydrographic Office hergestellt und umfasst weltweit über 3000 Einzelkarten auf 10 CDs, die alle Schifffahrtsrouten und alle größeren Handelshäfen der Welt abdecken. Wenn Sie eine Sammlung elektronischer Karten kaufen, werden Sie nicht alle Karten auf Ihrer CD nutzen können. Sie erwerben nämlich eine Lizenz, bestimmte Seekarten nutzen zu dürfen, die durch einen Zugangscode gesichert sind.

Rasterkarten

Berichtigungen für Rasterkarten gibt es in Form von elektronischen Deckblättern (»patches«) für betreffende Basiskarten. Sie können die Berichtigungen jährlich oder vierteljährlich auf CD erwerben. Die Berichtigungen werden vom Programm an die Stelle der entsprechenden Bereiche der Basiskarte gesetzt.

Auf die nächste Karte wechseln
Rasterkarten sind Abbildungen von Papierkarten und damit am besten im Maßstab der Originalkarte zu lesen. Wie bei einem Foto kann man am Bildschirm größer oder kleiner zoomen, aber das ist nur innerhalb eines begrenzten Bereichs sinnvoll. Die Wirkung ist wie bei einer Papierkarte, die durch eine Lupe betrachtet wird. Hereinzoomen vergrößert, ohne dass neue Details auftauchen, herauszoomen verkleinert Texte und Symbole, bis sie nicht mehr lesbar sind. Sie können die Ansicht verkleinern, um einen besseren Überblick über das Gebiet zu haben, oder vergrößern, um einen bestimmten Bereich genauer zu betrachten. Sie sollten es aber nicht übertreiben und vor allem nicht eine Übersichtskarte für eine Ansteuerung benutzen. Sie brauchen also die gleichen Karten für Ihren Bildschirm, die sie sonst als Papierkarten hätten.

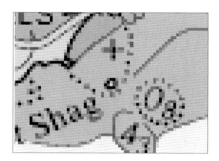

Heranzoomen in einer Rasterkarte ist wie der Blick durch eine Lupe: Das Bild wird größer, aber es kommen keine neuen Details hinzu. Hier treten schon die einzelnen Pixel hervor.

Herauszoomen einer Rasterkarte ist wie einen Schritt zurückgehen, um einen besseren Überblick zu erhalten. Das Bild wird kleiner, aber nichts wird weggelassen.

Vektorkarten

Auch Vektorkarten basieren auf Papierkarten. Der wesentliche Unterschied zu den Rasterkarten liegt in einem zusätzlichen Schritt bei ihrer Herstellung, denn Linien, Flächen und Objekte der Ursprungskarte werden gesondert in unterschiedlichen Kategorien der Datenbibliothek erfasst.

Anstelle eines fotografischen Bildes entsteht eine Grafik wie bei einem Programm für Computerdesign. Tiefenlinien, die in der Rasterkarte aus einer Anordnung aneinandergereihter Pixel bestehen, werden als linienhafte Objekte gespeichert, die durch bestimmte Positionen, durch die sie verlaufen, und durch Krümmungen beschrieben sind. Punkthafte Objekte wie Tonnen oder Schornsteine, die auf der Rasterkarte aus einer entsprechend geformten Ansammlung von Pixeln bestehen, werden für Vektorkarten als Querverweise in eine Informationsbibliothek eingegeben. Diese Informationsbibliothek ist ein wesentlicher Bestandteil der Vektorkarten, obwohl sie manchmal mehr Ähnlichkeit mit einem Verzeichnis hat, in dem alle möglichen Details zu einem Objekt stehen, die nichts mit der Darstellung des Symbols auf der Papierkarte zu tun haben.

In der Anfangszeit der Kartenplotter war der Hauptgrund für den Aufwand, Vektorkarten zu erzeugen, dass Datenspeicher teuer und groß waren, vor allem für einen so kleinen Markt. Also stellten die Firmen Plotter her, deren Speicherplatz für die Karten und deren Darstellung auf dem Bildschirm so wenig Speicher- und Rechnerleistung wie möglich benötigten.

Diese Überlegungen sind nicht mehr so bedeutend, spielen aber noch eine gewisse Rolle, wenn Kartenplotter nach wie vor Speicherkarten statt CDs benötigen, um sie zuverlässiger und mechanisch weniger anfällig zu machen.

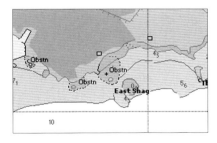

Eine Vektorkarte sieht nicht immer gleich aus, ihr Aussehen hängt von der verwendeten Software ab.

Vektorkarten

Der eigentliche Grund für die wachsende Verbreitung von Vektorkarten ist, dass der geringe Speicherbedarf mit einem Maß an Flexibilität verbunden ist, die manche Leute zu dem Ausdruck »intelligente Seekarte« verleitet haben. An einigen Plottern lässt sich ein Alarm einstellen, der warnt, sobald eine wählbare Tiefenlinie überschritten ist. Andere Plotter erlauben die Einstellung, den Alarm schon vor der Annäherung an eine Untiefe auszulösen oder aus den Tiefenangaben ein Modell des Meeresgrundes darzustellen.

Vektorkarten sind in vielen verschiedenen Formen und von verschiedenen Anbietern erhältlich. Sehr verbreitet sind solche mit festem Kartensatz auf Speicherkarten von der Größe einer Briefmarke, die 16 oder 32 Megabytes enthalten. Das sind zwar nur 2,5 bzw. 5 % der Kapazität einer CD, aber Vektorkarten sind so sparsam, dass eine einzelne Speicherkarte genügt, um mehrere Hundert Seemeilen Küstenlinie einschließlich der Hafenkarten darzustellen, zum Teil bis hin zu einzelnen Liegeplätzen.

Berichtigungen gibt es meist in Form eines Service-Austauschs. Der Händler nimmt die alte Speicherkarte im Tausch gegen die neue für etwa 25 bis 33 % des Neupreises.

> Trotz der Ähnlichkeit der Speicherkarten sind die Kartensysteme verschiedener Hersteller nicht untereinander austauschbar: Wenn möglich, suchen Sie sich den Hersteller, dessen Karten Sie bevorzugen, und entscheiden sich erst dann für einen Kartenplotter, der das System akzeptiert.

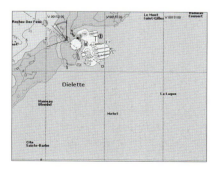

Der Plotterbildschirm ist wie ein Fenster zur Seekarte, die Sie nach oben und unten oder seitlich verschieben können.

Elektronische Seekarten

Die meisten Vektorkartenprogramme haben eine Funktion, mit der man bestimmte Informationen ein- oder ausblenden kann. Vergleichen Sie die beiden Abbildungen.

Navigieren an der Vektorkarte
Mehrere Navigatoren der »alten Schule« lehnen Kartenplotter ab. »Da könnte ich nie mit navigieren«, sagen sie, »das ist wie durch einen Briefkasten zu gucken.« Sicher, da ist etwas dran. Sportbootkarten sind 70 cm in der Diagonalen, aber selbst große Plotterbildschirme haben vielleicht höchstens 25 cm, meist aber eher 17 cm Bildschirmdiagonale.
Das entspricht einer Sportbootkarte, die viermal hintereinander zur Hälfte gefaltet wurde. Aber der Briefkastenvergleich lässt eine wichtige Eigenschaft der Kartenplotter vermissen, nämlich dass man nicht wie an der Papierkarte navigieren muss, zumindest keine Linien zeichnen muss. Ihre Aufgabe liegt im intelligenteren Teil der Mensch-Maschine-Partnerschaft. Sie treffen Entscheidungen auf Grundlage der Informationen, die Ihnen der Kartenplotter liefert.
Um einen Plotter richtig nutzen zu können, sollten die wichtigsten Bedienvorgänge bekannt sein, vor allem die Schritte, die Ihnen erlauben, verschiedene Bereiche und Vergrößerungen der Karte zu betrachten. Seitliches und vertikales Verschieben der Karte geht meist über eine Kipptaste oder eine Gruppe von vier Tasten, die mit Pfeilen markiert sind. Die Funktion Vergrößern und Verkleinern, also das Zoomen, geschieht häufig an einer Taste, die mit einem Lupensymbol oder mit + und – gekennzeichnet ist.

Vektorkarten

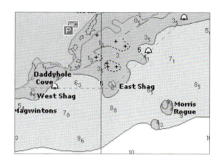 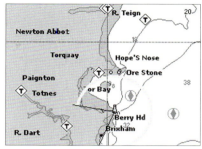

Das Heranzoomen einer Rasterkarte wirkt wie der Wechsel auf eine Karte größeren Maßstabs: Die Abbildung wird größer, und zuvor verborgene Details treten auf.

Herauszoomen wirkt bei der Vektorkarte wie der Wechsel auf eine kleinmaßstäbige Karte. Es gibt kaum eine Grenze, wie groß das angezeigte Gebiet sein darf, unübersichtliche Details werden aufgeräumt, während ein Teil der Beschriftung und der Symbole lesbar bleiben.

Die Tasten zum Zoomen und Bewegen der Karte sind zusammengenommen mehr als nur ein Ausgleich für einen kleinen Bildschirm, solange Sie sich nicht scheuen, sie zu benutzen.

Das Lupensymbol, das häufig für die Zoomfunktion benutzt wird, ist selbsterklärend, aber etwas missverständlich. Bei einer Vektorkarte geschieht im Gegensatz zur Rasterkarte nämlich beim Vergößern mehr als nur ein Lupeneffekt, es tauchen auch neue Details auf.

Wenn Sie mehr Informationen zu einem bestimmten Objekt suchen, z. B. über einen Leuchtturm, werden die meisten Plotter Ihnen diese anzeigen, wenn Sie mit dem Mauszeiger auf die entsprechende Stelle in der Karte gehen.

Natürlich kann nichts dargestellt werden, was nicht auch in der Datenbasis gespei-

Elektronische Seekarten

chert ist, aber das Programm entscheidet, abhängig vom Maßstab, nach bestimmten Vorgaben, welche Details dargestellt werden. Es wird Details entfernen, wenn Sie verkleinern, um das Bild klarer zu machen, aber beim Vergrößern treten die Details wieder hervor.

Bild aufräumen
Die Funktion, unübersichtliche Details aus der Darstellung herauszunehmen (engl.: decluttering), gibt es nur bei Vektorkarten. Tatsächlich sind die Informationstypen in verschiedenen Datenbasen gespeichert: Tiefenlinien, einzelne Wassertiefen, Leuchttürme, Tonnen usw. jeweils in einer eigenen Datenbasis.
Das Ergebnis dieser Datenbehandlung ist vergleichbar mit einer Karte, die aus mehreren transparenten Lagen besteht, die je nach Bedarf kombiniert werden können. Die meisten Seekartenprogramme schalten beim Zoomen automatisch

In Vektorkarten sind zusätzliche Informationen am betreffenden Symbol in der Karte abrufbar.

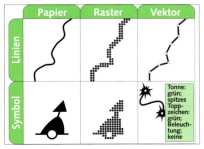

Die wesentlichen Unterschiede zwischen Papier-, Raster- und Vektorkarten.

bestimmte Lagen ein oder aus, damit der Bildschirm aufgeräumt und klar bleibt. Viele Programme können aber auch den Benutzer wählen lassen, bestimmte Details ein- oder auszublenden.
Bei all diesen Möglichkeiten bleibt aber zu berücksichtigen, dass die Genauigkeit der Vektorkarte immer vom Maßstab der zugrunde liegenden Originalkarte abhängt und dass die Gefahr besteht, wichtige Informationen auszublenden.
Es gibt noch eine Funktion, die von Anfang an wichtig ist: die »Position finden«- oder »Find Vessel«-Funktion. Das kann eine Extrataste sein oder eine Tastenkombination oder eine spezielle Menüauswahl, eventuell unter einer ganz anderen Bezeichnung. Wie immer sie heißen mag, sie ist wahrscheinlich eine der hilfreichsten Funktionen einer elektronischen Seekarte, denn die Anzeige wechselt sofort in eine Darstellung mit der eigenen Position im Zentrum.

Routenplanung auf der elektronischen Seekarte

Die Grundsätze für eine Planung ändern sich nicht, wenn Sie statt einer Papierkarte eine elektronische Seekarte benutzen. Sie entwerfen einen Plan:
- der Ihr Ziel beschreibt, ob Sie einen netten Ort für eine Pause suchen oder ob Sie eine Ziellinie erreichen wollen,
- um Gefahren wie Untiefen, Stromkabbelungen und Sperrgebiete zu vermeiden,
- der die Bedingungen wie Gezeiten, Tageszeit, Öffnungszeiten für Schleusen und Brücken berücksichtigt.

Wegpunkte auf dem Plotter

Die Wegpunktnavigation auf einer elektronischen Seekarte ist im Prinzip wie auf einem GPS-Gerät. Die Bedienung der Geräte unterscheidet sich aber erheblich, und mit einer Kartendarstellung ist es im Allgemeinen einfacher, die Wegpunkte zu setzen. Nur wenn Sie zu einer ganz bestimmten Position müssen, z. B. einer Regattabahnmarke, lohnt es sich, Breite und Länge genau einzugeben.
Angenommen, wir wollen von Weymouth nach Lulworth Cove laufen, etwa sieben Seemeilen entlang der Küste nach Osten. Auf vielen Kartenplottern bedeutet das nur, den Cursor vor die Hafeneinfahrt am Ziel zu setzen und »Go to« oder »Enter« zu wählen.

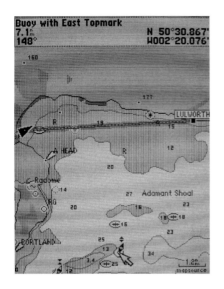 

Routen auf dem Plotter

Das Bedienfeld eines Kartenplotters ist meist so eingerichtet, dass die Eingabe komplexer Routen möglichst einfach ist. Leider sind die Entwickler der verschiedenen Geräte sich nicht einig, wie man das am besten erreichen kann.

In vielen Fällen reicht es, den Zeiger einfach an die Stelle zu setzen, an der Sie Ihren Wegpunkt haben wollen, und auf <Enter> zu drücken. Dann wandern Sie mit dem Zeiger zur nächsten Position und drücken wieder <Enter> usw.

Solange Sie genau im Auge behalten, wo die einzelnen Streckenabschnitte entlangführen, ist gegen diese »A nach B nach C«-Methode nichts einzuwenden.

Ein alternatives Verfahren ist die »Gummiband«-Methode. Angenommen, Sie wollen in Devon von Torquay nach Salcombe. Weil Start- und Endpunkt klar sind, können Sie die als Erstes eingeben. Dann vergrößern (zoomen) Sie zunächst den Bereich um Torquay, zoomen wieder zurück und vergrößern dann den Bereich um Salcombe. Es wird klar, dass der direkte Weg nicht fahrbar ist, da die Strecke über Land führt. Mit dem Einfügen von Wegpunkten (engl.: Insert Waypoints) können Sie unterwegs neue Punkte setzen, an denen Sie die Route wie ein Gummiband strecken, bis Sie von Land und Untiefen freikommen.

Eine gerade Strecke auf einem Plotter der Firma Garmin, mit »Go To« aktiviert (Seite 88, links). Am Anfang einer neuen Route geben Sie dem Plotter Start und Ziel an (Seite 88, rechts). Der direkte Weg ist offenbar nicht praktikabel, aber mit dem Einfügen weiterer Wegpunkte können Sie die Hindernisse umgehen (links).

Heranzoomen = vergrößern gibt einen detaillierten Blick auf enge oder gefährlichere Abschnitte der Route, die Wegpunkte können genau gesetzt werden (unten). Wegzoommen = verkleinern gibt einen Überblick über das Gesamtbild.

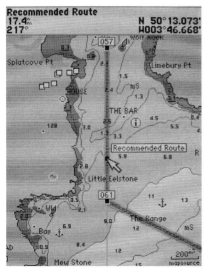

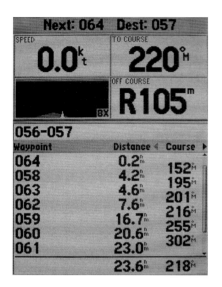 

Auf den meisten Plottern können Sie sich eine Liste anzeigen lassen mit Entfernungen und Kursen zwischen den Wegpunkten einer Route (links).

Rechts ist eine andere mögliche Darstellung, wie eine kurvige Straße stellt sich dem Rudergänger der Routenverlauf dar.

Diese Methode erfordert viel rein- und rauszoomen, hat aber den Vorteil, dass Sie jeden Routenabschnitt sowohl im Überblick als auch in detaillierter Sicht sehen können. Ein weiterer Vorteil ist, dass Sie die Wegpunkte dorthin setzen können, wo Sie sie brauchen, nicht, wo Sie eine auffällige Markierung auf der Karte finden.

Zusätzliche Module

Eine Menge an Zusatzfunktionen wäre mit einer elektronischen Seekarte kombinierbar. Detailinformationen über Tonnen und Leuchttürme sind bei Vektorkarten

Zusätzliche Module

Standard. Viele Vektorkarten enthalten auch Daten, aus denen mithilfe eines entsprechend ausgerüsteten Plotters die Höhe der Gezeit an bestimmten Orten berechnet werden kann (z. B. vor bestimmten Hafeneinfahrten).
Am oberen Ende der Extras stehen Gezeitenstrom- und Wetterkarten. Diese Informationen sind so grundlegend für jede Reise, dass man sich wundert, warum das nicht auch zum Standard gehört. Zurzeit gibt es aber nur wenige Kartenplotter, die dazu in der Lage sind; bei den Programmen für PCs setzen sich diese Strom- und Wetterfunktionen schon mehr durch.

Gezeitenströme

Die Daten für Gezeitenströme in elektronischen Seekarten sind vergleichbar mit einem elektronischen Stromatlas.
Die Daten werden auf dem PC als geografische Positionen gespeichert, die mit den Gezeitenströmen kombiniert werden. Zur Berechnung des Stroms in Richtung und Stärke für jeden Zeitpunkt benötigt das Programm die entsprechenden astronomischen Daten.

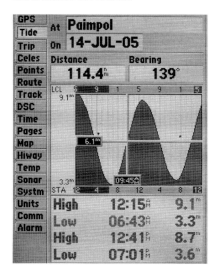

Gezeitenstromdaten sind normalerweise nur für PC-basierte Programme erhältlich, oft als teures Zusatzmodul.

Viele Kartenplotter können schnelle Auskunft über den Tidenverlauf geben (links).

Elektronische Seekarten

Von einem Gezeitenstrommodul einer elektronischen Seekarte kann man erwarten, die optimalen Kurse zwischen den Wegpunkten zu errechnen, oft wird auch der günstigste Zeitpunkt für den Fahrtbeginn mitgeliefert.

Insgesamt entsteht ein recht kompliziertes Programmpaket, vielleicht wird es deshalb oft als separates Modul angeboten, das man zusätzlich zum Basisprogramm erwerben kann.

Den Gezeitenstrom darzustellen ist eine Sache, aber was den Nutzen noch vergrößert, ist, wenn die Wirkung des Stroms in der Routenplanung berücksichtigt werden kann. Viele Programme können das, sie berechnen die Kurse, die zwischen den Wegpunkten gesteuert werden müssen, wie sich die ETA verändert und oft auch zu welcher Zeit der Törn starten sollte, um den Strom bestmöglich zu nutzen.

Bedenken Sie aber, dass solche Programme nicht das Urteilsvermögen eines Skippers ersetzen können. Das Programm könnte Ihnen vorschlagen, eine Huk bei stärkstem mitlaufendem Strom zu passieren, ohne Rücksicht auf mögliche gefährliche Stromwirbel und -kabbelungen, oder mit einer Motoryacht mit dem Strom

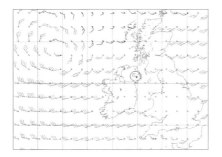

Gridded-Binary-(GRIB-)Daten enthalten Informationen über Wetter und Wettervorhersage und können aus verschiedenen Internetquellen bezogen werden.

Zusätzliche Module

zu laufen, auch wenn der Gegenwind einen widrigen Seegang erzeugt und Sie bei flacher See im Gegenstrom zehn Knoten schneller laufen könnten.

Wetter
Wettervorhersagen lassen sich natürlich nicht über einen längeren Zeitraum im Voraus auf dem Computer speichern, eine wichtige Voraussetzung ist also eine passende Kommunikationseinrichtung.
Im küstennahen Bereich genügt ein Mobiltelefon mit der Möglichkeit, sich ins Internet einzuwählen. Dort gibt es mehrere Seiten mit sogenannten GRIB-Daten (»GRIdded Binary Data«). Mit »Grid« ist ein Netz oder Raster imaginärer Linien gemeint, das die Erdoberfläche in Rechtecke einteilt. Eine GRIB-Datei enthält ein definiertes Netz für eine bestimmte Zeit. Den größten Teil der Datei macht die kodierte Beschreibung des Wetters für jedes Rechteck in dem Netz aus.

Kurs durchs Wasser mit Kopfrechnen oder Taschenrechner

Auch wenn Sie einen Kartenplotter oder ein Programm benutzen, das keinen Strom berechnen kann, gibt es eine einfache Methode als Alternative zum Zeichnen in der Seekarte. Die Grundregel lautet:
Multiplizieren Sie den Tidenstrom mit 60, und teilen Sie das Zwischenergebnis durch Ihre Bootsgeschwindigkeit.
Das Ergebnis entspricht der Anzahl von Graden, die Sie Ihren Kurs nach Steuerbord oder Backbord ändern müssen. Subtrahieren Sie die Gradzahl, wenn der Strom Sie nach Backbord versetzt, addieren Sie sie, wenn Sie nach Steuerbord versetzt werden.
Für Strom, der mehr von vorn oder achtern kommt statt von der Seite, rechnen Sie mit der halben Stromstärke.
Für Kurse durchs Wasser, die Sie länger als eine Stunde halten müssen, nehmen Sie die durchschnittliche Stromstärke.
Das Ergebnis der Methode ist theoretisch ungenauer als das Zeichnen von Stromdreiecken, aber in der Praxis sind die Fehler durch die Rechenmethode viel kleiner als Fehler, die durch ungenaue Kartenarbeit, mangelnde Stromdaten und Fehleinschätzung der Fahrt verursacht werden.

Es gibt viele, recht einfache Programme, die Informationen aus GRIB-Dateien darstellen können, manche einschließlich einer Vorhersage der Windentwicklung für einen begrenzten Zeitraum. Einige der Programme gibt es als Freeware, die man direkt aus dem Internet auf den Rechner laden kann.

Einige der anspruchvolleren Programme gehen noch weiter. Wenn der Anwender sich die Mühe macht und die Erfahrungswerte der Bootsgeschwindigkeiten bei verschiedenen Winden und Richtungen eingibt, können diese Programme den optimalen Weg zwischen den Wegpunkten berechnen (Wetterrouting).

Das klingt verlockend für potenzielle Rekordbrecher, und für (Offshore-)Regattasegler ist es ein wesentlicher Bestandteil der Vorbereitung. Aber bedenken Sie, dass jede Extrafunktion das Programmsystem komplizierter macht. Wenn Sie durch Menüs und Dialogboxen häufiger entmutigt werden, ist der Betrieb des Computers vielleicht schwieriger für Sie, als die Entscheidungen mit Überlegung und Intuition zu treffen.

Computer an Bord

Für viele Yachteigner ist die Vielseitigkeit ihres PCs der Grund, auch Navigationssoftware darauf anzuwenden. Nicht der Bordcomputer, auf dem man auch schreiben kann, sondern der Laptop, der ursprünglich für die Arbeit gedacht war, ist der Ausgangspunkt.

Laptop

Einen Laptop müssen Sie wenigstens nicht umständlich einbauen, Sie tragen ihn einfach an Bord und schließen ihn an das GPS an. Es ist gut, ihn so festzubinden, dass er nicht herunterfallen kann, aber dafür reicht notfalls schon ein Bändsel als Schlaufe oder ein paar Streifen Klettverschluss.

Für eine längerfristige Anbringung ist es besser, eine Halterung aus Holz am Kartentisch oder am benachbarten Regal zu bauen.

Bordcomputer

Die niedrigen Preise für Büro-PCs, vor allem gebrauchte, können dazu verleiten, einen zu kaufen und in ein Schapp an Bord einzubauen. Der niedrige Preis ist aber leider nur zum Teil durch die hohen Stückzahlen bedingt und auch auf die Verwendung großer Leiterplatten zurückzuführen, die nur an wenigen Kanten gehalten werden. In dem ständig bewegten Boot neigen die Platinen zur Verwindung und können schließlich ermüden und brechen.

Ein zusätzliches Problem ist, dass leistungsfähige Prozessoren viel Wärme erzeugen, die abgeführt werden muss.

Selbst einfache Laptops reichen für die meisten Seekartenprogramme.

Computer an Bord

Ein extra stabiler »ruggedised« Laptop, das »Toughbook« der Firma Panasonic. Solche Laptops haben einen kleineren Bildschirm und sind wesentlich teurer als normale Notebooks, aber für den Gebrauch auf See besser geeignet.

Beiden Problemen kann man mit einem stabilen Rechner für den mobilen Einsatz begegnen. In ihnen werden kleinere Leiterplatten verwendet, die besser gehalten werden, größere Bauteile werden stoßfest angebracht. Das Gehäuse hat Befestigungshaken, und der Rechner ist möglicherweise geeignet, direkt an 12 V Gleichstrom angeschlossen zu werden.

> Keine dieser Lösungen ist billig, Sie müssen für einen bordtauglichen PC ohne Bildschirm und Tastatur mit einem mindestens dreimal so hohen Preis rechnen wie für einen kompletten Büro-PC.

Stromversorgung

Im Computer sind verschiedene Komponenten, die mit 12 V laufen. Dazu gehören die Bildschirme und die Lüfter für die Laufwerke. Andere Komponenten wie der Prozessor und der Speicher laufen bei niedrigeren Spannungen üblicherweise zwischen 3 und 5 Volt. Um sicherzustellen, dass die verschiedenen Bauteile die richtige Spannung erhalten, hat ein Rechner seinen eigenen Spannungswandler und -verteiler.

Ein stationärer Büro-PC erwartet den landesüblichen Wechselstrom. Laptops arbeiten mit Gleichstrom zwischen 15 und 24 Volt, oft über einen kleinen, kompakten Wandler versorgt.

Ein Wechselrichter (dieser kostet etwa 30 Euro) ist die einfachste Möglichkeit, den PC über das Bordnetz zu versorgen, solange Sie bereit sind, die Risiken von 230 Volt in Kauf zu nehmen.

Wenn ein PC für das Wechselstromnetz gebaut ist, haben Sie zwei Möglichkeiten. Entweder Sie erwerben einen Wechselrichter, der Ihren Bordstrom in die benötigten 230 V Wechselstrom umwandelt, oder Sie ersetzen das Netzteil des PCs durch ein geeignetes für 12 oder 24 Volt. Die zweite Lösung ist teurer, aber auch sicherer und günstiger im Stromverbrauch.

Laptop-Nutzer kämen auch mit einem kleinen Wandler aus, 150 Watt könnten genügen. Eine Alternative sind die Gleichstromsteller, die es auch als Laptop-Adapter für Autos gibt. Letzteres ist die beste Lösung, Sie sollten aber darauf achten, dass die Stromversorgung damit auch reicht, um den Akku zu laden, und nicht nur, um den Laptop am Laufen zu halten (er sollte zumindest 50 Watt, entsprechend 3 Ampere leisten). Es wäre gut, anstelle des Zigarettenanzünders den Wandler mit einer passenden Sicherung direkt an das Bordnetz anzuschließen.

Wechselrichter / Inverter

Es gibt mehrere Möglichkeiten, aus dem Gleichstrom der Batterien Wechselstrom zu machen:
- Wechselrichter oder Inverter nach dem Ferroresonanz-Prinzip. Sie sind schwer und zuverlässig, haben aber keinen hohen Wirkungsgrad.
- Switch-Mode-Inverter sind leichter, kleiner und wirksamer.
- Hybridinverter sind der Versuch, das Beste von den beiden oben Genannten zu kombinieren. Das gelingt recht gut, aber zu einem Preis, der über dem der anderen liegt.

Das Ergebnis, der Ausgangsstrom, ist natürlich wichtiger als die Frage, wie er entstanden ist. Beim Wechselstrom an Land wechselt die Spannung dauernd, grafisch dargestellt, könnte man eine weiche sinusförmige Kurve erkennen. »Sinuskurven«-Inverter, meist vom Ferroresonanz-Typ, erzeugen fast den sinusförmigen Wechselstrom des öffentlichen Stromnetzes. Switch-Mode-Inverter erzeugen hingegen eine sogenannte modifizierte Sinuskurve. Die Spannung wechselt stufen- oder treppenartig. Die meisten Computer kommen mit beiden Arten zurecht.

Bildschirm und Bedienung

Laptopnutzer haben es wieder leicht. Was das Display und die Bedienung betrifft, so müssen sich diese nicht von denen für Auto- und Bahnfahrer unterscheiden.

Ein separater Trackball ist eine gute Investition, auch wenn Sie einen Laptop benutzen.

Wenn Sie sich für einen Bord- oder Büro-PC entschieden haben, sind Sie flexibler in der Auswahl von Bildschirm und Tastatur. Es ist unwahrscheinlich, dass Sie einen Röhrenbildschirm dazunehmen. Die erste Wahl wird ein TFT-Flachbildschirm sein, den Sie an das 12-Volt-Bordnetz anschließen können.
Es ist fast ausgeschlossen, einen Computer ohne Tastatur zu bedienen, und wenn es nur für die Wegpunkt- und Positionseingabe ist. Glücklicherweise sind Tastaturen so billig, dass man eine in Reserve mitnehmen kann.

Halten Sie sich nicht zu lange mit Touchscreens auf. Sie sind nicht genau genug in der Bedienung, und manche funktionieren nicht mit nassen Händen.

Ein Blick in die Zukunft

Zurzeit sind etwa zwei- bis dreimal so viele Kartenplotter wie Seekartenprogramme für den PC in Benutzung. Es ist leicht zu erkennen warum: Ein einzelnes Seriengerät, mit allem integriert, scheint zuverlässiger und einfacher in der Bedienung zu sein als ein Gemisch aus Hard- und Software verschiedener Hersteller.

Ein Blick in die Zukunft

Raymarine, ein bekannter Hersteller für Navigationselektronik, verwendet inzwischen Hardware, die für den Einsatz auf See ausgelegt ist.

Sollte ein Kartenplotter mal nicht funktionieren, weiß man, an wen man sich wenden muss, anstatt für einen Euro pro Minute von einer Servicenummer zur nächsten vertröstet zu werden, weil immer andere zuständig sein sollen.
Mit der Zeit wird die Unterscheidung in reine Kartenplotter und PC-Lösungen immer unschärfer. Einige Hersteller, wie z. B. Raymarine, bewegen sich in Richtung Computer mit Vielzweck-Bildschirm. Auf der anderen Seite sind spezielle stabile Laptops leichter zu finden und etwas billiger geworden als früher.
Es könnte sein, dass in ein paar Jahren die Unterscheidung wegfällt und dass wir eine »Blackbox« kaufen, die irgendwo unter einer Koje verschwindet und die mit mehreren über das Schiff verteilten Bildschirmen und Bedieneinheiten verbunden ist. Eines der Bedienungspaneele könnte für die Selbststeueranlage sein, ein anderes für die Positionslichter. Ein Bildschirm könnte die elektronische Seekarte und das Radarbild darstellen, während ein anderer als Fernseher dient oder DVDs zeigt.

Echolote

In den 1950er-Jahren wog ein Yachtecholot so viel wie ein Beiboot mit Außenborder, und es kostete so viel wie ein Kleinwagen. Die meisten Yachtskipper verließen sich damals auf das Handlot aus Blei und Lotleine.

Funktionsweise

Als Transistoren dem Elektronikmarkt eine Revolution bescherten, dauerte es nicht lange, bis die Preise fielen, die Geräte kleiner wurden und Echolote zur Standardausrüstung einer Yacht gehörten.

Die Funktionsweise ist recht einfach. Ein Echolot sendet Pulse im Ultraschallbereich von einem Schwinger oder Geber, der im Rumpf angebracht ist. Die Pulse laufen durch das Wasser, werden am Meeresgrund reflektiert, und ein kleiner Teil kehrt zum Schwinger zurück. Der Schall breitet sich in Wasser mit einer fast konstanten Geschwindigkeit von 1400 Meter pro Sekunde aus. Damit ist die Zeit von der Aussendung der Pulse vom Schwinger bis zur Rückkehr der reflektierten Signale direkt proportional zur Wassertiefe.

Analoge Geräte

Das einfachste Verfahren zur Tiefendarstellung gibt es seit der Einführung der ersten Geräte für den Massenmarkt Ende der 1950er-Jahre. Es ist die rotierende

Ein typischer Echolotschwinger für die Anbringung in der Rumpfwand. Die runde schwarze Stelle ist die Abdeckung für den eigentlichen Schwinger.

Die »alten« Echolote mit der rotierenden Leuchtdiode werden von einigen Leuten bevorzugt und entsprechend noch hergestellt.

Funktionsweise

Leuchtdiodenanzeige. Ein Rotor bewegt eine Leuchtdiode, die jedes Mal aufleuchtet, wenn sie nach einer 360°-Drehung ihren Ausgangspunkt wieder erreicht hat. Wenn der Schwinger ein zurückkehrendes Pulssignal empfängt, wird das Signal in ein elektronisches umgewandelt, verstärkt, und die Diode leuchtet ein weiteres Mal. Währenddessen hat sich der Rotor weitergedreht, wie weit, das hängt vom Zeitintervall zwischen dem gesendeten und dem empfangenen Puls ab. Die Wassertiefe wird durch die Position der Leuchtspur bei diesem zweiten Aufleuchten angezeigt.

Für größere Wassertiefen werden die Pulsintervalle vergrößert, die Rotationsgeschwindigkeit der Anzeige verringert.

Mit etwas Übung lassen sich an der zweiten Leuchtspur Hinweise über die Bodenbeschaffenheit ablesen. Eine dichte, enge Leuchtspur deutet auf harten Untergrund hin, während ein weicher Grund die Leuchtspur in die Breite zieht.

Fischfinder

Eine Alternative zur Rotationsanzeige nutzt dasselbe Prinzip, nur dass nicht eine Leuchtdiode aufleuchtet, sondern ein elektrisch betriebener Stift eine Markierung auf über eine Walze abgewickeltes Papier schreibt.

Die Wassertiefe wird damit grafisch aufgezeichnet. Diese Darstellung ermöglicht

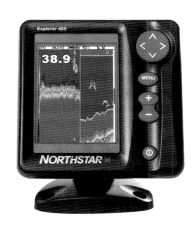

Fischfinder liefern eine grafische Anzeige zu günstigen Preisen.

es, falsche Echos besser zu erkennen und die Änderung der Wassertiefe genauer zu verfolgen, aber die Geräte sind schwer und teuer und verbrauchen sehr viel Papier.

> **Falsche Echos**
>
> Manche Echos können irreführend sein. Nebenechos können in flachem Wasser auftauchen, wenn die Echos zwischen der Wasseroberfläche und dem Grund erneut reflektiert werden und ein zweites, schwächeres Echo mit doppelter Wassertiefe angezeigt wird.
> Falsche Echos können auch in sehr tiefem Wasser entstehen, wenn die Echos nicht zum Schwinger zurückkehren, bis die Rotorscheibe eine volle Umdrehung gemacht hat. Das Echo erzeugt dann eine Leuchtspur erst während der nachfolgenden Umdrehung und zeigt eine geringere Wassertiefe an. Ist das Echolot beispielsweise auf einen Bereich von 25 m eingestellt und die Wassertiefe beträgt 30 m, dann wird eine Tiefe von 5 m angezeigt.
>
> **Luftblasen**
> Luftblasen sind gute Reflektoren. Dazu gehören auch die Schwimmblasen von Fischen. Verwirbelungen vorbeifahrender Schiffe oder Fischschwärme können eine geringere Wassertiefe vortäuschen.

Mit der Verbreitung der grafischen Displays wurden diese auch immer mehr mit verschiedenen elektronischen Geräten verbunden. Es entstand der Gerätetyp, den wir heute als Fischfinder bezeichnen. Die aufwendigsten dieser Geräte schließen alle möglichen Verbesserungen ein, die Fischern helfen, die Schwärme zu finden. Aber auch die einfachsten Modelle, für etwa 150 Euro, sind brauchbare Navigationsinstrumente, sie geben ein klares Bild davon, welche Echos tatsächlich den Grund anzeigen und wie die Wassertiefe sich verändert.

Digitale Echolote

Im Entwicklungsschritt nach den Rotationsanzeigen folgten Anzeigen mit einer beweglichen Nadel und einer kreisförmigen Skala, ähnlich den Geschwindigkeitsanzeigen im Auto. Sie wurden aber schnell durch digitale Geräte abgelöst,

Digitale Echolote

Digitale Echolote erfordern eine ausgefeilte Technik, bieten aber eine einfache und klare Angabe der Wassertiefe.

die die Wassertiefe numerisch anzeigten. Diese Geräte bilden heute die große Mehrzahl auf dem Markt.
Sie sind aber nicht ganz so einfach, wie sie aussehen. Das Problem der falschen Echos bleibt, die Geräte müssen also in der Lage sein, zwischen verschiedenen Echos zu unterscheiden. Moderne Echolote suchen generell nach dem stärksten schlüssigen Signal. Das hält sie davon ab, kurzzeitige Echos von Fischen oder Schwebstoffen anzuzeigen oder die zwar langfristigen, aber schwächeren doppelt reflektierten Echos.

Frequenzen

Echolotschwinger haben Ähnlichkeit mit den Piezokristallen in einem Gasanzünder. Sie bestehen aus künstlich hergestellten Bleizirkonat- oder Bariumtitanatkristallen. Im Gasanzünder erzeugt das Drücken des Knopfes oder Hebels elektrische Funken, beim Schwinger im Echolot ist es umgekehrt, elektrische Impulse bringen den Kristall zum Schwingen. Das empfangene Echo ist schwach, reicht aber aus, um wiederum Schwingungen zu erzeugen, die in elektrische Signale umgewandelt werden.
Der größte Unterschied zwischen den Fischfindern und den normalen Echoloten ist, dass ein Navigator vom Echolot einfach die Wassertiefe erfahren möchte, unabhängig davon, ob der Schwinger gerade nach unten zeigt oder nicht. Das erfordert einen Schallkegel, der nicht besonders gebündelt sein soll, aber das Signal muss stark genug sein, den Meeresgrund zu erreichen. Dazu werden recht kleine Kristalle verwendet, 25 bis 38 mm im Durchmesser, die 50 000 Schwingungen in der Sekunde (50 kHz) erzeugen.

Echolote

Fischfinder dagegen müssen sich auf eine bestimmte Richtung konzentrieren können. Das ist besser mit höheren Frequenzen von 192 oder 200 kHz erreichbar. Diese hohen Frequenzen sind weniger geeignet, große Wassertiefen zu durchdringen, was sich einfach durch eine stärkere Signalleistung ausgleichen lässt.

Die eingebaute Software versucht die Impulsintervalle so kurz wie möglich zu halten, um so viele Informationen wie möglich aufzunehmen. Bei flachem Wasser können Sie möglicherweise ein schnelles Klicken am Echolotschwinger hören. In tieferem Wasser sind die Abstände zwischen den Impulsen größer, damit genügend Zeit für die Rückkehr des Echos bleibt, bis das nächste Signal ausgesendet wird. Damit das so funktioniert und als Schutz vor einem Doppelecho, steuert die Software den Schwinger so, dass er längere Intervalle einfügt. Wer das hört, bekommt den Eindruck, dass der Schwinger stottert, keine Sorge – das ist normal. Trotz der raffinierten Steuerung sind digitale Echolote besonders anfällig bei Turbulenzen, Fischschwärmen und sehr flachem Wasser. Die Tiefenangabe am digitalen Echolot ist nur dann zuverlässig, wenn sie schlüssig ist, das heißt mit der Kartentiefe und Gezeit in Übereinstimmung zu bringen ist.

Vorausschauendes Echolot

Vorausschauende Echolote (engl.: foreward looking) sind eine recht neue Entwicklung. Wenn Signale nach vorn statt nach unten gesendet werden, erhalten Sie einen horizontalen anstelle eines vertikalen Abstands. Die Technik ist dafür deutlich komplizierter, die Geräte entsprechend teurer. Für die Entwickler der Geräte reicht es nicht festzustellen, ob ein Hindernis sich 50 Meter voraus befindet. Der Navigator muss wissen, ob etwas in 50 m Entfernung direkt unter der Oberfläche ist oder ob das Hindernis 35 m voraus, aber 35 m tief liegt. Für den Schwinger ist das die gleiche Entfernung.

Um dieses Problem zu lösen, müssen vorausschauende Echolote die Richtung einbeziehen können und die Information grafisch darstellen. Ein Display für diesen Zweck wird aufwendiger sein müssen als das eines Fischfinders für 150 Euro. Zwei Lösungswege werden für dieses Problem geboten: Entweder werden die Signale in einem sehr engen Bündel ausgesendet und die Richtung des Signals entweder

Die Anzeige sieht aus wie auf einem Fischfinder, aber das Entscheidende ist, dass ein vorausschauendes Echolot eine Warnung vor Unterwasserhindernissen grafisch im Voraus darstellt, anstatt eine Aufzeichnung der Vergangenheit zu liefern. Leider ist die »Sichtweite« nach vorn begrenzt.

zwischen voraus und senkrecht variiert oder seitlich hin- und herbewegt. Der andere Weg ist, ein gestreutes Signal mit richtungsabhängigen Sensoren zu kombinieren.

Beide Verfahren haben Probleme mit der relativ langen Laufzeit des Schalls. Wenn ein Gerät mehr als nur ein paar Meter vorausschauen soll, dann muss es die Impulsintervalle verlängern.

Das verlängert aber die Zeit, in der ein Bild von der Untiefe voraus erzeugt werden kann. Vorausschauende Echolote eignen sich gut für das kleinräumige Navigieren, aber sie können nicht bei Seegang Wale, schwimmende Container oder U-Boote rechtzeitig erkennbar machen.

Einbau von Echoloten

Die meisten Echolote bestehen aus zwei Teilen: der Anzeige und dem Schwinger, durch ein dünnes Kabel miteinander verbunden. Die Anzeigeeinheit ist außerdem über ein Stromkabel mit dem Bordnetz, 12 oder 24 Volt, verbunden. Die Rechenarbeit übernimmt die Anzeige, während der Schwinger nur dafür zuständig ist, elektrische Signale in Schall umzuwandeln und umgekehrt.

Einige der anspruchsvolleren Geräte haben einen aktiven Schwinger, wobei ein zusätzliches Gehäuse in der Nähe des Schwingers die Auswertung der Messungen vornimmt und die fertigen Daten an eine Multifunktionsanzeige sendet. Andere Echolote sind Teil einer großen Anlage, deren Einzelinstrumente an eine zentrale Steuerungseinheit (»Blackbox«) angeschlossen sind. Ein solches System zu

Echolote

Echolotschwinger können innerhalb von GFK- oder Metallrümpfen angebracht werden. Fast jeder Schwinger lässt sich mit Epoxy direkt an den Rumpfboden anbringen. Dieser hier ist für den Einbau innenbords vorgesehen.

installieren ist für den durchschnittlichen »Do it yourself«-Eigner durchaus möglich, aber lesen Sie die Installationsanleitung, bevor Sie anfangen.

Ein herkömmliches Echolot in eine normale Kunststoffyacht einzubauen ist nicht schwierig. Das Wichtigste beim Einbau ist, den Schwinger richtig anzubringen.

Er muss nach unten zeigen an einer Stelle mit sauberem, verwirbelungsfreiem Wasserfluss, wo der Rumpf auch beim Stampfen und Rollen nicht aus dem Wasser auftaucht. Bei den meisten Segelyachten wird diese Stelle direkt vor dem Kiel sein. Bei verdrängenden Motoryachten gilt Ähnliches.

Bei Gleitmotoryachten müssen die Schwinger wesentlich weiter achtern sein, damit sie im Wasser bleiben und weit genug von Verwirbelungen entfernt sind. Bei Motoryachten mit Innenbordmotor kann die richtige Stelle am achteren Ende des Maschinenraums oder dem vorderen Ende des Cockpits sein. Bei Booten mit Außenbordmotor kann der Schwinger noch weiter achtern angebracht werden, nahe dem Heck oder sogar an einer Halterung außen am Heck. Diese Anbringung empfiehlt sich besonders für Festrumpf-Schlauchboote und Wasserskiboote, die häufig auf einem Trailer transportiert werden. Für getrailerte Segelyachten käme diese Lösung auch infrage.

> Achten Sie darauf, dass keine Borddurchlässe für Toilette, Kühlwasser oder Spülbecken direkt vor dem Schwinger liegen.

Echolotschwinger werden üblicherweise komplett mit Borddurchlass und Dichtungen für den Einbau durch eine Rumpfwand geliefert, so hat die Öffnung des Schwingers direkt Kontakt mit dem Wasser. Einige Hersteller bieten sogar

Einbau von Echoloten

Schwinger mit fest integriertem Borddurchlass an. Für GFK- oder Metallrümpfe ist das allerdings nicht nötig. Auch wenn es einen geringen Verlust an Signalstärke für größere Wassertiefen bedeutet, ist eine Anbringung innerhalb des Rumpfes zu empfehlen: Der Schwinger ist besser geschützt, und es bedeutet ein Loch weniger im Rumpf.

> Versuchen Sie nicht, das Echolotkabel durchzuschneiden oder zusammenzufügen. Wickeln Sie überschüssiges Kabel auf, und bringen Sie es irgendwo unter, wo man es nicht sieht.

Einbau im Rumpf
Zunächst sollten Sie sicher sein, dass sich an der Einbaustelle im Rumpf weder Hohlräume noch Sandwichbau befinden: Der Schwinger muss so angebracht sein, dass zwischen ihm und dem Wasser festes GFK ist. Wenn nötig, müssten Sie Innenschale und Sandwichkern an der entsprechenden Stelle entfernen und die Schnittflächen mit Epoxy versiegeln, sodass die innere Oberfläche der Außenhaut noch sichtbar bleibt. Das wird meist nicht erforderlich sein aber es gibt Rümpfe, die komplett in Sandwichbauweise gefertigt sind, gerade auch im Mittelteil und um den Kiel herum. Für die übliche Methode des Inneneinbaus verwendet man ein Stück Kunststoffrohr, z. B. ein kurzes Stück Regenfallrohr, das senkrecht über der Bordwand stehen muss und mit Epoxidharz befestigt wird. Der Schwinger wird dann so angebracht, dass sich die Öffnung kurz über dem Boden befindet. Der Zwischenraum im Rohr wird mit Öl angefüllt.

> Man könnte ein beliebiges Öl nehmen, es muss nicht Rizinusöl sein. Es ist aber besser, Öle mit hohen Anteilen an Additiven zu vermeiden. Einfache Pflanzenöle sind am besten geeignet.

Eine einfache und zuverlässigere Alternative ist es, den Schwinger direkt mit langsam härtendem Epoxidharz an den Rumpf zu kleben. Vorher sollten Sie aber prüfen, ob die ausgesuchte Stelle geeignet ist. Dazu können Sie mit Knetgummi ein kleines Areal abgrenzen, das mit Wasser geflutet wird. Den Schwinger eintauchen und alles anschließen, um einen Testlauf zu machen. Wenn alles funktioniert,

Echolote

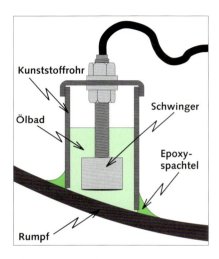

Ein Ölbad ist die klassische Alternative zum Einbau mit Epoxy.

können Sie das Testareal trocken legen und den Schwinger mit Epoxid ankleben. Hier ist wieder Knetgummi nützlich, denn Sie brauchen eine feste, blasenfreie Verbindung, und der beste Weg, dies zu erreichen, ist ein langsam härtendes Epoxy. Ein dünner Streifen Knetgummi dient dazu, den Bereich zu umschließen, in dem das Epoxy langsam härtet.

Nehmen Sie kein weiches Material wie Silikon und Sikaflex: Es würde den Schall absorbieren, statt ihn weiterzuleiten.

Einbau mit Rumpfdurchlass

Der Einbau im Rumpf ist bei Holzschiffen nicht sinnvoll. Es gibt nur die Möglichkeit, ein Loch in den Rumpf zu bohren, das für Schwinger einschließlich Borddurchlass geeignet ist. Die Durchmesser können unterschiedlich sein, liegen aber meist bei etwa zwei Zoll (ca. 5,1 cm).

Falls der Rumpf an der betreffenden Stelle zu schräg verläuft, müssen Sie eine Platte (eventuell auch einen Kasten) am Rumpf anbringen, sodass ein gerader horizontaler Boden entsteht, in dem der Schwinger mit Borddurchlass sitzt, und

die ausreichend groß ist, damit auf der Innenseite im Rumpf die Verschraubung gegengesetzt werden kann. Es ist dabei wichtig, dass die innere (obere) und die äußere (untere) Bodenfläche parallel zueinander verlaufen, außerdem dürfen die Öffnungen nicht zu eng sein, wenn das Holz quillt.
Sind die Öffnungen durch den Rumpf und die Platte gebohrt, wird der Borddurchlass von außen in den Rumpf geschoben und von oben die Befestigungsmutter angezogen. Ein ausreichend großer Kranz von Silikon-Dichtungsmasse auf der oberen und unteren Seite sorgt dafür, dass alles wasserdicht bleibt. Wenn Sie wollen, können Sie immer noch zusätzlich Epoxy oder GFK um die Befestigungsmutter herum aufbringen. Es ist eine Arbeit für zwei Personen, vor allem wenn der Schwinger mit dem Kabel und dem Borddurchlass eine Einheit bildet. Bei einem neuen Boot wird die Anbringung eher nervenaufreibend als schwierig sein.
Wenn Sie einen vorhandenen Borddurchlass durch einen neuen, deutlich kleineren ersetzen wollen, müssen Sie entweder den alten Durchlass mit einem Holzstopfen und Epoxy abdichten oder die alte Öffnung fachmännisch verschließen, bevor Sie eine neue bohren.
Falls der alte Borddurchlass kleiner ist als der neue, gibt es eine einfache Methode, das Loch zu vergrößern. Setzen Sie einen Holzkeil oder Stopfen von außen in die Öffnung und sägen ihn dicht an der Öffnung ab. Im Stopfen können Sie dann beim Bohren die Zentrierspitze führen.

> Schlagen Sie den Schwinger nicht mit einem Hammer in den Rumpf, und vermeiden Sie Kratzer. Den Schwinger sollte auch nicht mehr als eine dünne Schicht Antifouling bedecken.

Das Echolot kalibrieren

Auch wenn viele Bedienungsanleitungen den Begriff »Kalibrierung« verwenden, gibt es keine Möglichkeit, den wechselnden Salzgehalt oder die Temperaturschwankungen zu berücksichtigen. Nur wenige Modelle erlauben die Wahl zwischen Süß- und Seewasser.
Sie können allerdings aussuchen, welche Einheit Ihr Gerät verwenden soll und ob das Gerät die Tiefe ab Wasseroberfläche oder unterhalb des Schwingers anzeigen soll.

Echolote

Bei Auslieferung sind alle Echolote darauf eingestellt, die Tiefe ab Schwinger anzuzeigen, aber alle erlauben, die Null-Einstellung nach oben (für Tiefen ab Wasseroberfläche) oder nach unten (für Tiefen unter dem Kiel) zu verstellen. Sie können selbst wählen: Mit der Einstellung ab Kiel ist man auf der vorsichtigen Seite, aber die Einstellung ab Wasseroberfläche ist vorteilhafter für den Vergleich mit der Kartentiefe.

Das Log

Der Ausdruck »Knoten« als Geschwindigkeitsmaß stammt aus der Zeit, als die Fahrt mit einem Holzbrett gemessen wurde, das an einer langen Leine befestigt war. Die Leine hatte Knoten in regelmäßigen Abständen, sodass die Anzahl der Knoten, die während eines bestimmten Zeitraumes über Bord gezogen wurden, während das Schiff von dem Holzbrett wegfuhr, die Geschwindigkeit anzeigte. Dieses Logbrett (engl.: Log = Holzklotz) ist seit Langem durch ausgefeiltere Technik ersetzt worden. Dazu gehörten das Schlepplog (z. B. von Walker) und später auch eine große Anzahl elektronischer Loge. Aber weil die Bestimmung von Fahrt und Distanz für die Navigation so grundlegend wie das Loten ist, wird das Log weithin als ein traditionelles Instrument angesehen, auch wenn es elektronisch funktioniert.

Funktionsweise

Es gibt viele Verfahren, die Geschwindigkeit des am Rumpf entlangströmenden Wassers zu messen, beim häufigsten geschieht das mit einem kleinen Impeller oder Schaufelrädchen. Wie der Name es schon andeutet, ist das Schaufelrädchen der entscheidende Bestandteil. Es ist meist etwa 3 cm im Durchmesser und befindet sich am unteren Ende einer zylindrischen Sonde, die in einen Borddurchlass sitzt und vom strömenden Wasser gedreht wird.

In den Schaufeln des Impellers befinden sich Magnete, während in der Sonde ein sogenannter Hall-Effekt-Sensor steckt. Sobald das Schaufelrädchen sich dreht,

Ein Loggeber mit Schaufelrädchen. Die Schraubkappe und der Stift am oberen Ende sorgen dafür, dass der Geber zur Reinigung nach oben aus dem Gehäuse gezogen werden kann.

wirkt der Sensor wie ein elektronischer Schalter, der elektrische Impulse aussendet, jedes Mal wenn ihn ein Magnet passiert.
Aus der Frequenz berechnet die Anzeigeeinheit die Geschwindigkeit.

Andere Verfahren
Pitotrohr
Die einfachen und billigen Loge mit Pitotrohr sind bei einigen kleineren Motorbooten in Gebrauch. Sie messen den Druck, den das Wasser bei Vorausfahrt auf einen Sensor im vorderen Ende eines Röhrchens ausübt. Ihr einfacher Aufbau macht sie recht zuverlässig, aber sie sind nicht in der Lage, Geschwindigkeiten unter zehn Knoten zu messen, sind selten richtig genau und haben keinen Meilenzähler.

Elektromagnetische Loge
Elektromagnetische Loge nutzen den Effekt, dass ein Magnetfeld elektrischen Strom erzeugt, wenn es durch ein leitendes Medium geführt wird. Seewasser ist ein geeigneter Stromleiter, sodass ein messbarer elektrischer Strom erzeugt wird. Je schneller das Wasser fließt, desto stärker wird der erzeugte Strom.
Diese hoch entwickelten Geräte sind sehr genau und zuverlässig, aber leider auch etwas platzfordernd, teuer, und sie brauchen viel Strom. Sie werden eher in der Berufsschifffahrt oder auf sehr großen Yachten eingesetzt.

Ultraschall-Loge
Verschiedene Loge funktionieren mit Ultraschall. In einem Fall sind zwei Schwinger in kurzem Abstand hintereinander montiert. Beide senden Ultraschallpulse und empfangen jeweils die des anderen. Solange das Schiff sich nicht bewegt, sind die Laufzeiten in beiden Richtungen gleich. Sobald das Schiff sich bewegt, werden die nach achtern gerichteten Pulse schneller, die nach vorn gerichteten (gegen den Strom) langsamer, aus der Zeitdifferenz kann das Log die Geschwindigkeit berechnen.
Ein anderes Log funktioniert nach dem sogenannten Dopplereffekt. Die Ultraschallsignale werden von Partikeln, Schwebstoffen oder Plankton im Wasser reflektiert, wobei die Echos bei steigender Fahrt durchs Wasser eine immer höhere Frequenz annehmen. Durch Vergleich der Frequenzen des Ausgangssignals mit dem wiederkehrenden Echosignal kann die Geschwindigkeit errechnet werden.

Noch ein weiteres Ultraschallverfahren gibt es. Zwei Piezokristalle sind in einem Schwinger untergebracht, erzeugen aber viel höhere Frequenzen als Echolote. Das Log analysiert das Echo von Schwebstoffen, die etwa 15 cm vom Schwinger entfernt sind. Die beiden Kristalle senden gleichzeitig, da sie aber einige Zentimeter auseinanderliegen, sind die Echos, abhängig von der Geschwindigkeit, unterschiedlich. Ein Mikroprozessor im Schwinger vergleicht die Echomuster und errechnet die Geschwindigkeit der vorbeiströmenden Partikel.

Das Log einbauen

So wie ein Echolot besteht auch ein Log aus einem Geber, der über ein Kabel mit dem dazugehörigen Anzeigegerät verbunden ist. Der entscheidende Unterschied zum Echolot, zumindest was den Einbau betrifft, ist, dass der Logimpeller auf jeden Fall außen am Rumpf sitzen muss, unabhängig vom Material des Rumpfes. Eine Ausnahme bildet nur ein Ultraschalllog, es kann wiederum bei GFK- oder Metallrümpfen innen eingebaut werden.

Wie beim Echolot ist als Erstes zu klären, wo der Geber angebracht werden soll. Er muss wie der Echolotschwinger immer eingetaucht sein, frei von Blasen und Verwirbelungen und weit genug vom Propeller entfernt. Der Geber muss nicht unbedingt nach unten zeigen, aber er muss vom Inneren des Bootes aus zugänglich sein.

Den Rumpf zu durchbohren ist eher nervenbelastend als schwierig. Wenn das Loch fertig ist, brauchen Sie nur eine ausreichende Menge Silikonmasse um die Lochkante zu verteilen. Dann stecken Sie den Geber von außen durch die Bordwand und drehen von innen die Mutter fest. Achten Sie darauf, dass der Borddurchlass richtig sitzt.

In vielen Fällen kommt es darauf an, dass der Borddurchlass die genaue Ausrichtung in der Längsschiffslinie hat: Lesen Sie die Installationsanleitung, um sicher zu sein. Zuletzt setzen Sie den Logsensor oder den mitgelieferten Blindstopfen ein, der verwendet wird, wenn der Geber herausgezogen ist.

Den Geber reinigen

Das größte Problem mit den Schaufelrädchen ist, dass sie von Kraut gebremst werden und sich festsetzen können. Irgendwann wird es soweit sein, und Sie müssen die Logsonde ziehen, um sie zu reinigen. Manche Eigner zögern den Zeitpunkt hinaus und warten lieber, bis das Boot nicht genutzt wird, aber es ist dennoch recht regelmäßig nötig.

Die Sonde kann auch gezogen werden, wenn das Boot schwimmt, aber machen Sie sich darauf gefasst: Sobald die Sonde aus dem Borddurchlass gezogen ist, haben Sie ein Loch im Rumpf und das Wasser strömt unvermeidlich ins Boot. Wenn Sie aber schnell genug und vorbereitet sind, muss nicht viel Wasser einströmen. Halten Sie einen Lappen oder ein Tuch und den Blindstopfen bereit. Nehmen Sie zunächst das Tuch in eine Hand, während Sie mit der anderen den Verschluss öffnen, häufig wird er ein Bajonettverschluss sein, oder er wird mit einem Sicherungsring oder -stift gehalten. Nehmen Sie die Sonde vorsichtig heraus, und sobald diese von der Oberkante des Borddurchlasses freikommt, halten Sie das Tuch auf die Öffnung, um den Wasserstrom zu bremsen. Dann legen Sie die Sonde hin und nehmen den Blindstopfen in die freie Hand, halten ihn über die Öffnung, entfernen das Tuch und setzen den Stopfen ein.

Einige Hersteller bieten einen automatischen Verschluss, eine Art Klappenventil, am Borddurchlass. Das verringert den Wasserstrom, aber Sie sollten sich nicht allein darauf verlassen.

Wenn die Sonde wieder an ihren Platz soll, geht man auf die gleiche Weise in umgekehrter Reihenfolge vor.

Nehmen Sie die Logsonde nicht heraus, wenn Sie allein an Bord sind.

Das Log kalibrieren

Ein Log, das an der Bordwand angebracht ist, kann nicht als hundertprozentig genau angesehen werden. Der Rumpf zieht möglicherweise etwas Wasser mit, während die Yacht sich bewegt, und der Geber zeigt dann eine etwas zu niedrige Geschwindigkeit an, oder das Schaufelrädchen kann sich nicht frei drehen. Auf der anderen Seite kann das vorbeiströmende Wasser beschleunigt werden, wenn es den Kiel entlangfließt oder vom Propeller angesogen wird, die Fahrt wird dann zu hoch angezeigt.

Die Ermittlung und Beseitigung des Logfehlers bezeichnet man als Kalibrieren. Das geschieht, indem die Zeit, in der eine Yacht eine bekannte Distanz zurücklegt, genommen und die ermittelte Fahrt mit der Geschwindigkeitsanzeige verglichen wird.

Das Log kalibrieren

Eine Loganzeige: Auch wenn sie gerade die Geschwindigkeit zeigt, erscheint auf Knopfdruck die gefahrene Distanz.

Jede genau abgemessene Strecke kommt dafür infrage, aber am besten sind Messstrecken, die extra für diesen Zweck an vielen Häfen eingerichtet sind. Start und Ende sind meist durch Richtpeilungen gekennzeichnet, Entfernungen und Kurse stehen in der Seekarte.

Es gibt keinen Grund, weshalb Sie nicht eine Strecke nehmen sollten, die Sie in der Seekarte genau abgemessen haben, Sie können auch die GPS-Geschwindigkeit nutzen.

Wählen Sie einen Tag mit wenig Wind und Seegang und vorzugsweise eine Zeit mit schwachem Gezeitenstrom. Unter Maschine sollten Sie dann den Kurs laufen, deutlich bevor Sie den Start der Messstrecke erreicht haben, damit Richtung und Geschwindigkeit von Anfang bis Ende gleichmäßig bleiben. Halten Sie die Zeiten von Start und Ende des Messlaufs fest und beobachten Sie unterwegs das Log. Dann wiederholen Sie den Vorgang mit gleicher Fahrt durchs Wasser, aber in die Gegenrichtung. Um die Durchschnittsgeschwindigkeit zu erhalten, müssen Sie die Geschwindigkeiten für beide Richtungen addieren und durch zwei teilen. Ein genaueres Ergebnis können Sie erhalten, wenn Sie vier oder sechs Messläufe machen, aber das kann eine zeitraubende Angelegenheit werden, zumal der Logfehler selten in allen Geschwindigkeitsbereichen gleich groß ist. Die Messung muss also für mehrere Geschwindigkeiten durchgeführt und nach dem Justieren des Logs wiederholt werden.

> Versuchen Sie nicht, die Rechnung dadurch zu vereinfachen, dass Sie die Zeiten summieren und durch die Gesamtdistanz teilen: Sie bekommen dann ein anderes (und falsches) Ergebnis!

Das Log

Vergleichen Sie die Durchschnittsgeschwindigkeit mit der Geschwindigkeit, die das Log angezeigt hat, um den Logfehler zu finden. Sehen Sie in der Bedienungsanleitung nach, wie Sie den Fehler korrigieren können.
Ein einzelner Messlauf ist besser als gar nichts, aber im Idealfall sollten Sie mindestens vier Durchläufe machen, jeden mit einer anderen Geschwindigkeit.
Die Berechnung könnte etwa so aussehen:

Abgemessene Distanz	1852 m (1,00 Seemeilen)
Dauer (erster Lauf)	8 Min. 38 Sek. = 518 Sek. = 0,1439 Stunden
Fahrt (über Grund)	6,95 Knoten
Loggeschwindigkeit	6,7 Knoten
Zeit (Gegenrichtung)	10 Min. 17 Sek. = 617 Sek. = 0,1714 Stunden
Fahrt über Grund	5,83 Knoten
Loggeschwindigkeit	6,8 Knoten
Durchschnittliche Fahrt über Grund	6,39 Knoten
Durchschnittliche Loggeschwindigkeit	6,75 Knoten
Differenz	0,36 Knoten
Logfehler	5,6 %

Der elektronische Kompass

Jahrhundertelang gehörten Kompasse mit magnetisierten Steinen, Ringen oder Nadeln zu den wichtigsten Navigationsinstrumenten. Jetzt machen ihnen kleine Apparate unter der Bezeichnung Fluxgate Konkurrenz
Ein Fluxgate-Kompass hat verschiedene Vorteile, aber der wichtigste unter ihnen ist sicher die Möglichkeit, mit anderen Navigationsgeräten wie Selbststeuer- oder Radaranlagen kommunizieren zu können. Eine Folge dieser Möglichkeit ist auch, dass Sie den Sensor beinahe an beliebiger Stelle unterbringen können, auch weit abseits der möglicherweise chaotischen magnetischen Verhältnissen, in der Nähe eines Steuerstandes.

Funktionsweise

Ein Fluxgate-Kompass nutzt die enge wechselseitige Beziehung zwischen Elektrizität und Magnetismus:
- Wenn elektrischer Strom durch einen gewickelten Draht, eine Spule, fließt, entsteht ein Magnet im Inneren der Wicklung.
- Wenn ein Magnet durch eine Drahtwicklung bzw. Spule bewegt wird, entsteht elektrischer Strom.

Ein Gleichrichter z. B. besteht aus einem Draht, gewickelt um einen Metallkern (primäre Spule). Wenn Wechselstrom durch den Draht der primären Spule fließt,

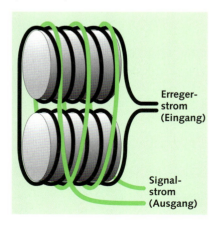

Erreger-
strom
(Eingang)

Signal-
strom
(Ausgang)

Ein einzelnes Fluxgate-Element: Ein Fluxgate-Kompass besteht meist aus drei oder mehr Elementen, die kreis- oder sternförmig angeordnet sind.

wird der Metallkern zu einem Magneten, dessen magnetischen Pole sich in der Frequenz des Spannungswechsels vertauschen. Eine zweite Spule umschließt die primäre Spule. Für diese ist der dauernde Wechsel des Magnetfeldes an der primären Spule ein Magnet, der sich bewegt – in der sekundären Spule entsteht Gleichstrom.

Im Aufbau gleicht ein Fluxgate-Element einem Transformator, nur dass es zwei primäre Spulen hat statt einer. Sie bestehen beide aus demselben durchgehenden Draht, sind aber in entgegengesetzte Richtungen gewickelt. In einer magnetfreien Umgebung oder wenn die Kerne in Ost-West-Richtung stehen, heben sich die beiden erzeugten Magnetfelder gegenseitig auf.

In Nord-Süd-Richtung aber erzeugt das Erdmagnetfeld ein Ungleichgewicht, das einen Strom in der sekundären Spule erzeugt.

Ein Fluxgate-Kompass besteht aus einer kreisförmigen Anordnung von mehreren Fluxgate-Elementen. Durch den Vergleich der erzeugten Ströme in den verschiedenen Elementen ist es möglich, die Nordrichtung festzustellen.

Ein großer Nachteil der Fluxgate-Elemente ist, dass sie empfindlich auf Veränderungen der Neigung reagieren, denn die magnetische Wirkung ist dann die gleiche wie beim Drehen. Um dem entgegenzuwirken, sind die Fluxgate-Elemente in einer Flüssigkeit gelagert, und der Aufwand für die horizontale Lagerung ist mindestens so groß wie bei mechanischen Kompassen.

Einbau

Für den Anwender werden die inneren Bestandteile und das Lagerungssystem des Fluxgate-Kompasses verborgen bleiben. Einige Modelle, die als direkter Ersatz für den konventionellen Steuerkompass entworfen sind, haben ein eingebautes Display, aber normalerweise ist der Fluxgate-Sensor in einem schwarzen oder grauen Gehäuse von der Größe eines Tennisballs untergebracht.

Der erste und wichtigste Punkt beim Einbau ist, dass der Sensor, obwohl elektronisch, sich von allen magnetischen Feldern beeinflussen lässt. Es gibt also auch hier keinen Anlass, ihn in der Nähe von Maschine, Kiel, Anker oder auch Lautsprechern anzubringen.

Als weiteren Punkt sollten Sie berücksichtigen, dass die aufwendig gelagerten Fluxgate-Elemente vor allzu heftigen Bewegungen geschützt sein sollten. Von

Einbau

Der Fluxgate-Sensor ist meist in einem Schapp oder einer Backskiste untergebracht.

Die Daten des Fluxgate-Sensors können auf einem Display angezeigt oder für andere Instrumente wie Autopilot und Radar genutzt werden.

einer Yacht ist nicht zu erwarten, dass sie still und unbewegt bleibt, aber den Einflüssen von Roll- und Stampfbewegungen können Sie entgegenwirken, wenn Sie den Sensor in der Nähe des Gewichtsschwerpunktes einbauen.

> Für Stahlrümpfe gilt: Der Magnetismus ist wichtiger als die Ruhe. Ein Fluxgate-Sensor wird auch noch funktionieren, wenn er am Mast befestigt ist!

Wenn Sie die richtige Stelle zum Einbau gefunden haben, müssen Sie den Sensor nur noch an ein passendes Schott anschrauben. Achten Sie auf die richtige Orientierung in Längsschiffsrichtung (Markierungen auf dem Gehäuse).
Die Kabelanschlüsse sind meist leicht zu verbinden, vor allem wenn der elektronische Kompass Teil einer zusammengehörenden Anlage, z. B. der Selbststeueranlage ist. Es gilt nur, die Stecker in die jeweils richtigen Buchsen zu stecken. Wenn allerdings Sensor und Radargerät von unterschiedlichen Herstellern stammen, müssen Sie bedenken, dass der Sensor möglicherweise nicht mit NMEA 0183 funktioniert. Für Kursdaten gibt es eine Reihe unterschiedlicher Datenfomate, und Sie müssen vorher sicherstellen, dass die dafür vorgesehenen Geräte an Bord die Kursdaten des elektronischen Kompasses verstehen.

Automatisches Kompensieren

Noch ein Pluspunkt für elektronische Kompasse ist die Möglichkeit, die Ablenkung automatisch korrigieren zu lassen. Dazu müssen Sie nicht viel mehr machen, als ein paar langsame Kreise unter Maschine zu laufen.

> Lesen Sie die Anleitung!

Die Software im elektronischen Kompass berücksichtigt den Zusammenhang zwischen dem in den Fluxgate-Elementen erzeugten Strom und der Ausrichtung des Sensors. Auf einem Polardiagramm, das die Stromstärke darstellt, müsste durch die kreisförmig angeordneten Fluxgate-Elemente im Idealfall ein Kreis entstehen. Während des Kalibrierens verfolgt der elektronische Kompass die Änderung des erzeugten Stromes durch eine Vielzahl von Einzelmessungen (1). Jede Messung gilt nur für einen sehr kurzen Zeitraum, aber in der Gesamtheit ergeben die Messungen genügend Informationen, um ein Polardiagramm der aktuellen Situation zu erzeugen (2), meist in Form einer unregelmäßigen Ellipse.
In einem zweistufigen Prozess wird zunächst ein Kreis und der Mittelpunkt (3) gefunden, der der elliptischen Form am nächsten kommt, und anschließend die Abweichungen zwischen der aktuellen Form und dem Kreis (4) für die ver-

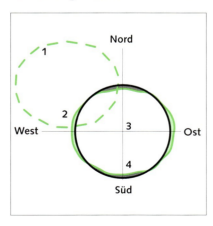

Automatische Kompensierung am Fluxgate-Kompass.

schiedenen Kursrichtungen bestimmt. Diese Differenzen werden gespeichert und dienen als Korrekturwerte zum Ausgleichen der Ablenkung.

Hinweise zum Kalibrieren

- Kalibrieren ist einfach, machen Sie es oft!
- Kalibrieren Sie bei ruhigem Wetter und weit genug entfernt von Stahlbauten.
- Je langsamer der Kreis, desto besser das Resultat.
- Kalibrieren kann nicht die Wirkungen von Magnetfeldern ausgleichen, die stärker als das der Erde sind. Befestigen Sie den Fluxgate-Sensor frei vom Einfluss von Lautsprechern, Gleichstromkabeln oder großen Stahlteilen.

Das Radargerät – Funktionsweise

Von allen elektronischen Mitteln für den Navigator ist das Radar – zumindest meiner Ansicht nach – das beste. Erstaunlicherweise ist es auch eines der ältesten: Der deutsche Wissenschaftler Christian Hülsmeyer meldete die Erfindung des prinzipiellen Verfahrens in Großbritannien und Deutschland bereits 1904 zum Patent an.

Das Prinzip
Entfernungen messen
Während die Technik, die selbst in den kleinen Yachtradaranlagen steckt, weit entwickelt ist, bleibt das Prinzip der Entfernungsmessung einfach. Es ist dem des Echolots ähnlich: Das Radar sendet kurze Energieimpulse und »horcht« auf reflektierte Echos.
Der Hauptunterschied liegt darin, dass Radar anteile von Schallwellen sehr kurzwellige elektromagnetische Strahlung verwendet, manchmal als Mikrowelle bezeichnet.
Elektromagnetische Wellen breiten sich mit Lichtgeschwindigkeit aus (etwa 162 000 Seemeilen pro Sekunde), Schallwellen im Wasser nur mit 1400 Meter pro Sekunde, alles läuft also sehr viel schneller ab.
Angenommen, ein Radar sendet einen Impuls und empfängt das Echo 100 Mikrosekunden später, dann hat das Signal für Hin- und Rückweg zusammen 0,0001 Sekunden gebraucht und dabei 16,2 Seemeilen zurückgelegt. Dann ist das reflektierende Objekt 8,1 Seemeilen entfernt.

Die Peilrichtung messen
Ein weiterer offensichtlicher Unterschied zwischen Radar und Echolot ist, dass ein

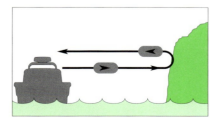

Radar bestimmt den Abstand zu einem Objekt durch Messen der Dauer von Impulsaussendungen im Mikrowellenbereich bis zum Empfang der Echos.

Die Radarantenne (engl.: scanner oder aerial) bündelt die Strahlung in einem schmalen Sektor (Radarkeule). Die Richtung zum Objekt wird durch die Richtung der Antenne angezeigt, wenn das Signal des Echos empfangen wird.

Echolot üblicherweise nur die Tiefe misst und seinen Schallkegel deshalb direkt nach unten gerichtet hat. Ein Radar misst Entfernungen in jede horizontale Richtung. In den 1930er-Jahren gab es Radaranlagen, die ein großes Gebiet mit Strahlung fluteten und mit empfindlichen gerichteten Empfängern die Peilung des Echos aufnahmen. Das war eine große Energieverschwendung. Alle modernen Schiffsradaranlagen haben Antennen, die ihre Impulse in engen Strahlenbündeln den Horizont entlang aussenden.

Dieselbe Antenne dient auch zum Empfang der Echos. Das bedeutet, dass ein Echo nur dann empfangen wird, wenn die Antenne auf ein festes Objekt[7] gerichtet ist.

Hauptbestandteile

Damit das Radar Abstände und Richtungen in einer für den Anwender verständlichen Weise darstellt, müssen einige wesentliche Komponenten zu der Anlage gehören. Diese sind auf zwei baulich getrennte Einheiten aufgeteilt, die Antenne und das Bildgerät, die miteinander über ein dickes vieladriges Kabel ver-

---

[7] Das ist streng genommen nicht richtig, aber nahe genug dran, um das Prinzip zu erklären.

Das Radargerät – Funktionsweise

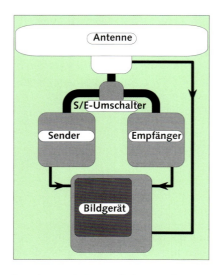

Die Hauptbestandteile einer Radaranlage. In der Praxis sind alle Komponenten außer dem Bildgerät in der Antenneneinheit kombiniert.

bunden sind. Wie sich die verschiedenen Komponenten auf diese Einheiten verteilen, hängt zu einem gewissen Grad vom Gerätemodell ab.

Der Sender (Transmitter)
Das Herzstück des Senders ist eine Art spezielles elektronisches Ventil, Magnetron genannt. Wie bei einer »Mikrowelle« in der Küche ist die Aufgabe des Magnetrons, Strahlung im Mikrowellenbereich zu erzeugen. Wie bei anderen Sendern ist die Frequenz und damit die Wellenlänge ein wesentliches Merkmal seiner Funktion. Die meisten Yachtradargeräte arbeiten mit einer Frequenz von etwa 9,4 GHz (9 400 000 000 Schwingungen in der Sekunde), entsprechend einer Wellenlänge von 3 cm. Sie werden gewöhnlich auch als 3-cm-Radar oder X-Band-Radar bezeichnet. Einige der größeren leistungsstärkeren Radargeräte arbeiten auf einer Frequenz von 3 GHz, entsprechend 10 cm Wellenlänge. Sie werden dementsprechend 10-cm-Radar oder S-Band-Radar genannt.
Drei weitere charakteristische Merkmale des Radars sind: die Sendeleistung, die Impulsfolgefrequenz und die Impulslänge.

Sendeleistung
Die Bedeutung der Sendeleistung scheint offensichtlich: Mit höherer Sendeleistung entstehen an entfernten Objekten stärkere Echos, die dann leichter erkennbar sind. Ein 4-kW-Sender sollte deshalb in der Lage sein, kleinere oder weiter entfernte Objekte wiederzugeben als ein 2-kW-Sender. Das ist im Prinzip richtig, aber es ist auch zu berücksichtigen, dass Radarstrahlung wie Licht sich mehr oder weniger gerade ausbreitet und nicht der Erdkrümmung folgen kann. Das bedeutet, dass die Reichweite des Radars durch den Radarhorizont begrenzt wird, so wie die Sichtweite durch den sichtbaren Horizont.

Impulsfolgefrequenz
Die Impulsfolgefrequenz bezieht sich auf die Anzahl ausgesendeter Impulse in der Sekunde. Sie variiert bei kleinen Geräten zwischen 2000 und weniger als 1000, sodass die Intervalle zwischen den Impulsen 500 bis 1500 Mikrosendunden betragen. Die Intervalle sind so »lang«, damit das Echo eines Signals empfangen wird, bevor der nächste Impuls ausgesendet wird.

Impulslänge
Die Impulslänge ist ebenfalls veränderlich. Sie beträgt, wenn das Radar im Nahbereich arbeitet, etwa eine Zehntelmikrosekunde und bis zu einer Mikrosekunde, wenn das Radar auf große Entfernung gestellt ist. Sie können das mit dem Unterschied zwischen einem Pingpongball und einem Golfball vergleichen. Den Pingpongball können Sie weit werfen, weil er leicht ist und dabei wenig Energie hat. Den Golfball aber können Sie viel weiter werfen, weil er schwer ist. Denn wenn Sie ihn mit gleicher Geschwindigkeit werfen wie den Pingpongball, wird er mehr Energie haben. Beide Bälle verlieren Energie, während sie den Luftwiderstand überwinden müssen. Der Golfball startet aber mit mehr Energie und bremst deshalb langsamer und fliegt weiter. Wie bei vielen einfachen Vergleichen ist auch dieser technisch nicht perfekt, aber er erklärt das Wesentliche. Der lange Impuls reicht weiter, so wie der Golfball, weil er energiereicher ist. Ein kurzer Puls oder ein Pingpongball kommen nicht so weit, weil sie weniger Energie haben.
Das führt natürlich zu der Frage, was man mit den kurzen Impulsen überhaupt

Das Radargerät – Funktionsweise

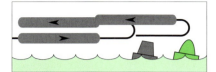 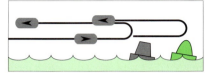

Lange Impulse geben einen gute Reichweite, aber eine schlechtere Auflösung als kurze Impulse. Die meisten Radargeräte wählen automatisch eine passende Impulslänge für den jeweiligen Abstandsbereich.

soll. Die Antwort ist, dass mit kurzen Pulsen dicht hintereinander liegende Objekte leichter erkannt werden, die radiale Auflösung ist besser.
Stellen Sie sich vor, Sie könnten die ausgesendeten Impulse sehen, wenn sie die Antenne verlassen, wie Würstchen, die beim Schlachter aus der Wurstmaschine kommen. Wenn der Sender beginnt, einen Impuls auszusenden, verlässt der Anfang des Impulses die Antenne mit einer Geschwindigkeit von 162 000 Seemeilen pro Sekunde. Eine Mikrosekunde später stoppt der Sender, dann verlässt das Ende des Impulses die Antenne mit derselben Geschwindigkeit. Aber das ist bereits 300 Meter hinter dem Anfang und wird diesen nie einholen können.
Jetzt stellen Sie sich vor, dass der Impuls zwei Tonnen streift, die in gleicher Peilung, aber 100 m hintereinander liegen. Der Impulsanfang erreicht die erste Tonne, und ein Teil der Strahlung wird zum Radar zurückgeworfen. Den Bruchteil einer Mikrosekunde später erreicht der Impulsanfang die zweite Tonne, und wiederum wird ein kleiner Teil zur Antenne zurückgeworfen. Auf dem Weg zurück passiert dieses Anfangsecho wieder die erste Tonne, während ein späterer Teil des Impulses immer noch die erste Tonne auf seinem Hinweg trifft und reflektiert wird. Zwei Echos entstehen, die sich mischen, auf dem Bildgerät wird nur ein einzelnes großes Objekt zu sehen sein.
Ein langer Impuls kann Objekte, die weniger als 150 m hintereinander stehen, nicht unterscheiden. Ein kurzer Impuls dagegen ist nur 20 m lang und kann Objekte unterscheiden, die nur etwa 20 m auseinander liegen.

Die Antenne
Wie eine Funkanlage braucht auch das Radar eine Antenne, um Funkwellen aus-

Hauptbestandteile

zusenden und um eingehende Echos zu empfangen. Anders als die verbreiteten Antennen für Autoradios oder UKW-Funk wird vor der Radarantenne nicht erwartet, dass sie gleichmäßig in alle Richtungen ausstrahlt. Die Radarantenne soll gerichtet senden und empfangen und dabei ihr Strahlenbündel im Kreis herumschicken wie ein Leuchtturm seinen rotierenden Schein.
Unterschiedliche Antennenkonstruktionen können dafür sorgen. Eine der einfachen ist die Parabolantenne, ähnlich einem Suchscheinwerfer auf einem Autodach. Eine andere wird als Schlitzantenne bezeichnet. Sie ist vergleichbar mit einem Metallrohr, durch das Elektronen fließen wie Wasser durch einen Gartenschlauch. Indem das Rohr mit einer Reihe von Schlitzen versehen wird, können die Mikrowellen wie Wasser aus einem Sprenkler austreten. Die dritte und zunehmend verbreitete Lösung ist die Patch-Array-Antenne. Sie besteht aus einer Reihe kleiner Kupferplatten. Jede Kupferplatte fungiert als eine kleine Antenne, aber die gesamte Reihe von Kupferplättchen wirkt wie die Schlitzreihe bei der Schlitzantenne.

Die Radarkeule
Für welchen Antennentyp Sie sich auch entscheiden, es bleibt eine unausweichliche Tatsache, dass Sie für eine gute Bündelung der Strahlen eine große Antenne brauchen. Die kleinsten Radaranlagen haben eine Antennenweite von 12 Zoll (30 cm) und erzeugen ein keulenförmiges Strahlenbündel (Radarkeule) mit einer horizontalen Auflösung von 7°. Die größten Radars für den Yachtmarkt haben eine Antennenweite von 4 Fuß (1,2 m) und bündeln die Strahlen auf 2°. Die großen Radarantennen mit 10 bis 12 Fuß Weite (3–4 m), wie sie auf großen Schiffen zu sehen sind, haben eine Auflösung von weniger als 1°.
Eine schmale Radarkeule ist vorteilhaft, weil in ihr die Strahlungsenergie gebündelt ist. Das ist vergleichbar mit den Linsen eines Leuchtfeuers, die ein enges Strahlenbündel schaffen und meilenweit sichtbar sind, obwohl die Lichtquelle oft nicht viel mehr Leistung hat als eine Glühbirne im Wohnzimmer.
Noch wichtiger ist, dass die horizontale Auflösung besser ist als bei einer breiten Radarkeule. So wie die radiale Auflösung hintereinander stehende Objekte betrifft, unterscheidet die horizontale Auflösung nebeneinander stehende Objekte.
Stellen Sie sich eine Radarkeule vor, die wie der Lichtkegel einer Taschenlampe auf zwei Tonnen trifft, die eine halbe Seemeile entfernt sind und 100 m Abstand

Das Radargerät – Funktionsweise

Ein Radar kann eine Lücke zwischen zwei Objekten (Radarzielen) nur erkennen, wenn deren Abstand breiter als die Radarkeule ist.

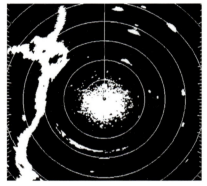

Hier ist noch ein Effekt breiter Radarkeulen zu sehen, das Bild wurde in der Straße von Dover aufgenommen. Auf der rechten Seite sind verbreiterte Leuchtspuren von Schiffen zu erkennen, unter der Mitte und etwas links davon ein »verschmiertes« Echo, ein Seitenzipfel-Fehlecho, eines in der Nähe fahrenden Schiffes.

zueinander haben. Wenn Sie Peilungen nähmen, stünden die Tonnen 6° auseinander. Wenn Ihr Radar auf 4° genau auflöst, dann wird die erste Tonne sichtbar, wenn die Antennenrichtung 2° links von ihr ist. Die Tonne bleibt erkennbar, bis die Antenne 2° rechts von ihr steht. Auf dem Bildgerät scheint die Tonne 4° breit. Wenn die Antenne weiter dreht, schwingt die Radarkeule durch die Lücke zwischen beiden Tonnen, und es wird kein Echo empfangen. Einen Moment später

streift die Radarkeule die zweite Tonne und erfasst sie ebenfalls als 4° breites Objekt. Entscheidend ist, dass es einen Moment gab, in dem keine der beiden Tonnen erreicht wurde, das Radar hat also die Lücke »gesehen«.
Falls Ihr Radar eine Auflösung von 7° hätte, wäre die Lücke nicht zu sehen: Die Radarkeule passt zu keinem Zeitpunkt durch die nur 6° breite Lücke, die Tonnen verschmelzen auf dem Bildschirm zu einer Abbildung.
Die Wirkung einer großen Radarkeule ist ähnlich einer mit breitem Filzschreiber gemachten Zeichnung: Kleine Objekte werden vergrößert, aber sie neigen dazu, miteinander zu verschmelzen, und insgesamt resultiert ein Informationsverlust.

Vertikale Auflösung
Auch wenn wir gewohnt sind, zweidimensionale Karten- und Bildschirmdarstellungen zu betrachten, sollten wir daran denken, dass die Welt dreidimensional ist, und das gilt auch für die Radarkeule. Die vertikale Auflösung des Radars ist ein für die Leistung viel weniger auffälliges Merkmal als die horizontale. Sie ist wesentlich größer, meist zwischen 25 und 30°. Das klingt nach Energieverschwendung, aber es ist auf See wichtig, weil ein Schiff selten ganz gerade bleibt. Wäre die vertikale Bündelung nur 6°, würde beim Rollen und bei Krängung von über 3° die Antenne auf einer Seite in den Himmel strahlen und auf der anderen Seite neben das Schiff auf die Wasseroberfläche. Der große vertikale Winkel sorgt also dafür, dass in einem größeren Krängungsbereich immer ein Teil der Strahlung horizontal gerichtet bleibt.

Nebenechos
All diese Betrachtungen über Antennen sind davon ausgegangen, dass das Strahlenbündel klare Grenzen hat und dass darin die Sendeleistung steckt. Leider sind die Radarantennen in Wirklichkeit nicht so perfekt, und die Radarkeule hat unscharfe Ränder. Die meisten Radargräte produzieren noch eine Reihe schwächerer sogenannter Nebenkeulen an den Seiten des Hauptbündels und manchmal auch an der Rückseite der Antenne. Das macht sich meist nicht bemerkbar, aber in der Nähe sehr guter Reflektoren wie Schiffe mit großflächigen senkrechten Bordwänden wird das Radarecho auf dem Bildschirm zu einer lang gestreckten Sichel um den Mittelpunkt herum.

Empfänger

Aufgabe des Empfängers, das sagt die Bezeichnung ja schon, ist es, die reflektierten Echos aufzufangen und sie in eine darstellbare Form umzuwandeln. Der Umgang mit den Mikrowellen ist allerdings etwas trickreich, der Empfänger muss erst das sehr hochfrequente Signal in die Zwischenfrequenz umwandeln, mit der ein Bild erzeugt werden kann.

Im nächsten Schritt werden die sehr schwachen Eingangssignale verstärkt. Das ist verständlich, wenn man bedenkt, dass die entfernteren Echos sehr viel schwächer sind als die von benachbarten Objekten. Ein Schiff, das nur eine Viertelmeile entfernt ist, wird ein Echo erzeugen, das mehr als eine Million Mal stärker ist als das eines gleichen Schiffes in acht Seemeilen Entfernung. Die Verstärkereinheit hat es mit einer sehr großen Spanne von Signalstärken zu tun und muss die Signale alle auf ein einheitliches Niveau bringen. Kurz nach der Impulsaussendung startet der Empfangsverstärker mit einer niedrigen Verstärkung, erhöht diese aber, um die später eintreffenden Echos entfernterer Objekte zu berücksichtigen.

Der Sende-Empfangsumschalter

Die Sender in kleinen Yachtradars wirken vielleicht unscheinbarer als die großer Schiffe, aber sie haben dennoch eine sehr hohe Leistung, verglichen mit allen anderen Geräten an Bord. Üblicherweise werden die Impulse mit einer Leistung von 1500 W bis 5000 W gesendet.

Zum Vergleich: Die Mikrowelle zu Hause hat etwa 700 W, das UKW-Gerät 25 W, ein Seitenlicht 10 W.

Ein Empfänger im Radar muss dagegen sehr empfindlich sein, um auch schwache Echos aufzunehmen. Die Wirkung, die mehrere Tausend Watt Sendeleistung auf einen sensiblen Empfänger hätte, wäre schnell und katastrophal.

Damit das nicht passiert, hat ein Radar ein elektronisches Tor, das den Empfänger vor dem Sender und der Antenne schützt, solange gesendet wird. Aus technischer Sicht gibt es dafür verschiedene Lösungen, aber für den Standpunkt des Anwenders können sie alle unter der Überschrift Sende-Empfangsumschalter (engl.: TR cell, transmit/receive cell) zusammengefasst werden. Der Umschalter kann nicht sofort umschalten, was zur Folge hat, dass Echos von sehr nah befindlichen Objekten nicht empfangen werden können. Meistens spielt das keine Rolle, aber wenn Sie vorhaben, eine Tonne bei dichtem Nebel anzusteuern, müssen Sie bedenken, dass die Tonne bei etwa 20 bis 30 m Entfernung vom Bildschirm verschwindet.

Das Bildgerät

Die Früchte dieser umfangreichen elektronischen Aktivitäten müssen schließlich dem Anwender auf verständliche Weise präsentiert werden. Das Bildgerät eines Yachtradars ist meist ein Rasterscan-Bildschirm (Plan Position Indicator = PPI). Das Bild ist wie eine Karte oder ein Plan, auf den man von oben blickt, mit der Radarantenne im Zentrum.

Es gibt immer noch die älteren Geräte mit der nachleuchtenden Kathodenbildröhre (siehe Seite 34), in denen Elektronenstrahlen durch Elektromagnete abgelenkt werden. Die Magnete rotieren um den Hals der Röhre im Takt mit der rotierenden Antenne, sodass die Richtung, in die die Antenne strahlt, mit der Richtung des abgelenkten Strahlenbündels übereinstimmt. In dem Augenblick, in dem die Antenne sendet, wird eine zunehmende Spannung an den ablenkenden Magneten der Röhre erzeugt. Wenn der Kathodenstrahler Elektronen aussendet, wird die zunehmende Spannung der Magnete die Elektronen zum Rand des Bildschirms ablenken. Nur wenn ein Echo empfangen wurde, wird der Elektronenstrahl losgeschickt, sodass ein Lichtpunkt auf dem Bildschirm entsteht, dessen Abstand vom Bildmittelpunkt dem Abstand des Echos von der Radarantenne entspricht.

Insgesamt erzeugt der Bildschirm ein Bild aus mehreren Tausend radialen Linien, jede entspricht einem einzelnen gesendeten Impuls.

Der technische Fortschritt hat inzwischen den Raster-Scan- oder Tageslicht-Bildschirm geschaffen. Er enthält einen eingebauten Computer, der Informationen von Abständen und Peilungen in »x«- und »y«-Koordinaten umrechnet. Das Schöne daran ist, wenige Sekunden, nachdem der Impuls gesendet wurde, ein komplettes Bild zu erhalten. Die kompletten Bildinformationen werden in einem Speicher aufgenommen und fortlaufend erneuert. Deshalb kann man einen gewöhnlichen Bildschirm oder ein TFT-Display benutzen.

Stromverbrauch und Sicherheit

Weitverbreitete Ängste vor den Wirkungen elektromagnetischer Strahlung und der recht hohen Nennleistung selbst kleiner Radargeräte beschäftigen unweigerlich jeden, der überlegt, eine Radaranlage zu installieren. Segler machen sich zudem oft Sorgen um den Stromverbrauch, den der Radarbetrieb ihrer ohnehin recht begrenzten Batteriekapazität zufügt.

Mikrowellen nehmen einen kleinen Teil des elektromagnetischen Spektrums ein. Dieses Spektrum umfasst eine enorme Spanne von Wellenlängen:

Das jetzt eingestellte Omega-Verfahren nutzte Wellen, die mit etwa 30 km Länge am einen Ende der Skala stehen. Gammastrahlen mit Wellenlängen von Billionstelmillimetern stehen am anderen Ende.

Sichtbares Licht liegt mit 600 Millionstelmillimetern etwa in der Mitte, Radar nutzt mit 3 cm erheblich längere Wellen.

Es ist weithin bekannt, dass hochfrequente Strahlung chemische Veränderungen im Körper bewirken kann, die Krebs verursachen (oder bekämpfen) sowie genetische Schäden hervorrufen können. Ultraviolette Strahlung ist dafür bekannt, Hautkrebs verursachen zu können, gewöhnliches sichtbares Licht hat dagegen keine derartigen Wirkungen auf die Haut. Es ist daher plausibel anzunehmen, dass die bei Weitem langwelligere Radarstrahlung unbedenklich ist – zumindest in diesem speziellen Punkt.

Es ist auch weithin bekannt, dass Mikrowellengeräte zum Kochen nutzbar sind, indem sie Molekularbewegungen in den Speisen verursachen, die wir als Wärme beobachten. Es ist also anzunehmen, dass Radar, das die gleichen Wellenlängen bei einer vielfach höheren Leistung nutzt, potenziell in der Lage ist, menschliches Gewebe zum Kochen zu bringen. Vor allem empfindliche Organe wie Geschlechtsorgane und Augen wären betroffen.

Zwei Umstände sind aber tröstlich. Zum Ersten braucht das Kochen, sogar in der Küchenmikrowelle, Zeit; die Impulse des Radars sind so kurz, dass sie nicht viel erwärmen können, sie haben bis zum folgenden Impuls viel Zeit abzukühlen. Zum Zweiten ist der Abstand viel größer. Das Essen in der Mikrowelle ist meist weniger als 10 cm von der Strahlungsquelle entfernt. In einer Entfernung von 20 cm ist die Strahlenleistung schon um ein Viertel gesunken, in 40 cm Entfernung um ein Achtel usw.

Stromverbrauch und Sicherheit

Es ist möglich, wenn auch etwas umständlich, das tatsächliche Risiko zu berechnen, aber für die praktische Anwendung sollte es reichen zu bedenken, dass das Risiko beim Benutzen von Mobiltelefonen oder UKW-Handfunkgeräten viel größer ist als in der Nähe eines Yachtradars zu sitzen. Sie würden von der rotierenden Antenne getroffen, lange bevor Sie an die Grenzen der Strahlenschutzwerte gelangten.

Dennoch ist ein warnendes Wort angebracht: Einige osteuropäische Länder schreiben Expositionsgrenzen vor, die tausendfach niedriger liegen als unsere, und es ist durchaus möglich, dass es Gesundheitsrisiken gibt, d e noch nicht entdeckt wurden. Um auf der sicheren Seite zu bleiben, ist es üblich, sich nicht lange im Strahlengang der Radarkeule aufzuhalten, und zu vermeiden, mit den Augen direkt in die Antenne zu blicken.

Ein höheres Risiko entsteht durch die schlichte Gefahr eines Stromschlags. Einige Teile des Radars arbeiten mit sehr hohen elektrischen Spannungen, die auch noch bestehen, wenn das Gerät schon abgestellt ist. Im normalen Gebrauch ist das Radar vollkommen sicher, aber Sie sollten niemals auf die Idee kommen, ein Gehäuse zu öffnen, es sei denn, dass die Bedienungsanleitung Sie ausdrücklich dazu auffordert.

Das Bildgerät – Einstellungen

Die Bedienung eines Radargerätes sieht für manchen Außenstehenden kompliziert aus, weil die Knöpfe und Begriffe unbekannt sind. Im Grunde sind es aber nur ein rundes Dutzend Bedienknöpfe, die Standard bei allen Radargeräten sind – weniger als bei vielen modernen Stereoanlagen oder Küchenherden!

Einschalten und Einrichten
Ein/Aus-Stand-by
Solange das Radargerät ausgeschaltet ist, hat es keinen Strom, das ist so weit klar. Beim Einschalten werden Bildgerät und Antenne mit Strom versorgt und das Radar wird vorbereitet, es ist aber noch nicht sofort funktionsbereit. Moderne Radaranlagen beginnen meist mit einem Selbsttest und zeigen dann in der Mitte ein kleines Fenster mit der Angabe »wait« und einem Countdown-Zähler. Der Hauptgrund für diese Prozedur ist, dass ein Magnetron, sobald es in Betrieb ist, sich stark aufheizt. Ein plötzlicher Temperaturanstieg aber kann schädlich sein, weshalb eine Heizung die Antenne innerhalb von zwei bis drei Minuten vorbereitet.

Manche ältere Geräte sind mit einer Temperaturanzeige versehen, inzwischen haben sich automatische Timer durchgesetzt. Sobald das Magnetron bereit und

Nach dem Einschalten durchläuft das Radargerät einen Selbsttest und wärmt die Antenne vor, in der Mitte ist ein Countdown-Zähler auf dem Bildschirm zu sehen.

Sobald die Vorwärmphase beendet ist, schaltet das Gerät in den Standby-Modus, das heißt, es ist betriebsbereit, sendet aber noch nicht.

Einschalten und Einrichten

genügend Zeit vergangen ist, schaltet das Gerät in den Stand-by-Modus. Das bedeutet, das Gerät ist betriebsbereit, aber es sendet noch nicht.
Um ein Radarbild zu sehen, wird der Sender mit dem »Tx«- oder »X-mit«-Knopf eingeschaltet. Es ist jederzeit möglich, wieder auf Stand-by zu gehen, das spart Strom, weil der Sender ruht, die Antenne stehen bleibt. Das Magnetron wird aber beheizt und bleibt betriebsklar.

Brilliance/Contrast – Helligkeit/Kontrast
Schon im Stand-by-Modus können Sie die ersten Einstellungen vornehmen. Die Helligkeit (Brilliance) ist wie bei einem Fernseher regulierbar, Sie können das Gerät bei Sonnenlicht heller, für die Nachtfahrt dunkler stellen. LCD-Bildschirme haben stattdessen eine Kontrasteinstellung zur Anpassung an die Lichtverhältnisse oder an den Blickwinkel, in dem Sie auf den Schirm sehen.

Gain – Verstärker
Im Gegensatz zu Helligkeit und Kontrast, die nur den Bildschirm betreffen, hat die Gain-Einstellung eine direkte Wirkung auf den Radarempfänger, sie kann also nur verstellt werden, wenn das Radar auch sendet und empfängt.
Gain ist in mehrerer Hinsicht der Rauschsperre (Squelch) beim UKW-Funk ähnlich. Ist der Gain-Regler zu niedrig gestellt, gehen Echos verloren, ist er zu hoch gestellt, ist das Bild »verrauscht«, voller heller Flecker – das ist die visuelle Entsprechung zu dem Rauschen und Knacken im UKW-Funkgerät mit klein gestellter Rauschsperre.

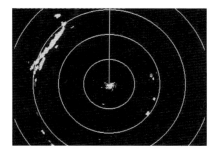

Bei zu niedriger Verstärkung (Gain) ist nicht viel auf dem Bildschirm zu sehen.

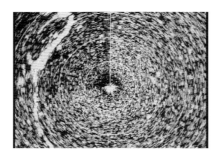 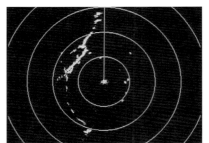

Bei zu hoher Verstärkung (Gain) zeigt der Bildschirm einen »Schneesturm« von Störflecken (Echorauschen).

Hier ist der Verstärker (Gain) reduziert, bis das Störrauschen verschwunden ist. Der Messbereich (Range) ist so eingestellt, dass die Abstimmung (Tuning) beginnen kann.

Ziel ist es, das Bild so empfindlich wie möglich für Echos einzustellen, ohne dass der »Schneesturm«-Effekt auftaucht. Der beste Weg, dies zu erreichen, ist, den Gain-Regler zunächst etwas zu hoch einzustellen und dann langsam runterzudrehen, bis die Sprenkel verschwinden. Einige Navigatoren bevorzugen, etwas von dem Fleckenrauschen zu lassen, bei Radarbildröhren und sehr guten Rasterbildschirmen gibt es gute Gründe dafür.

Für einfache Rasterscan-Geräte besteht die Gefahr, dass ein einzelner Fleck groß genug ist, ein tatsächliches Radarziel zu überdecken.

Range – Messbereich
Der Range-Schalter dient zur Änderung des Radarbildmaßstabs. Im kleinsten Messbereich repräsentiert die Entfernung vom Zentrum des Bildes bis zum Rand nur eine Achtelseemeile. Der größte Messbereich reicht 16 oder 24 Seemeilen weit oder noch weiter. Große Anlagen für Handelsschiffe haben teilweise Messbereiche bis 120 Seemeilen Entfernung.

Die verschiedenen Messbereiche sind für unterschiedliche Zwecke geeignet. Auf längeren Überfahrten kann es sinnvoll sein, in einem großen Messbereich eine entfernte Küste zu erkennen. Zur Kollisionsverhütung ist ein mittlerer Bereich gut wie

Einschalten und Einrichten

sechs oder zwölf Seemeilen. Für eine Ansteuerung in engen Gewässern kann es notwendig sein, auf einen Bereich unter einer Seemeile zu gehen.
Die Veränderung des Bildmaßstabs beim Umschalten am Range-Knopf ist einleuchtend, aber mit der Messbereichsänderung wird auch die Impulsdauer und -wiederholrate verstellt, z. B. wird für den Nahbereich damit eine höhere radiale Auflösung erreicht.

Tuning – Abstimmung
Ein Radarempfänger benötigt wie ein Radio – eine Frequenzabstimmung, damit die Empfangsfrequenz der Sendefrequenz entspricht. Beim Radar, das die Echos des eigenen Senders empfängt, mag das überflüssig erscheinen, weil die Frequenzabstimmung doch gleich bei der Herstellung mit eingebaut werden müsste. Leider ist das in der Praxis nicht möglich. Die genaue Frequenz des Magnetron-Senders variiert etwas, hauptsächlich durch die Betriebstemperatur bedingt. Die Frequenz neigt in der ersten halben Stunde nach dem Einschalten dazu zu fallen. Wenn die Außentemperatur fällt, z. B. nachts, neigt die Frequenz dazu zu steigen.
Da der Empfänger aber sehr schwache Echos aufnehmen soll, ist es sinnvoll, eine Feinabstimmung für diese kleinen Schwankungen zu haben.
Der beste Weg für die Feinabstimmung ist, zu Anfang einen Bereich aus der Hälfte der größeren Messbereiche zu wählen, für Yachtradars etwa den Zwölf-Seemeilen-Bereich. Suchen Sie ein schwaches Radarziel am äußeren Rand des Bildes, und drehen Sie den Tuning-Knopf in kleinen Schritten, bis das Ziel so groß, breit und hell wie möglich erscheint.

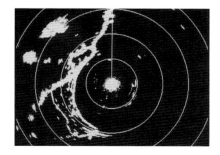

Eine sorgfältige Abstimmung (Tuning) hat dieses Bild hervorgebracht. Die Küstenlinie zeichnet sich links deutlich ab, mit Dungeness nahe am unteren Rand des Bildes. Dover liegt dicht beim oberen Rand. Mehrere Schiffe sind zu erkennen, einschließlich der beiden in der oberen rechten Ecke, etwa 15 Seemeilen entfernt.

Nehmen Sie sich Zeit, bedenken Sie, dass die meisten Antennen etwa 20 bis 25 Umdrehungen pro Minute machen – es kann also bis zu drei Sekunden dauern, bis eine Änderung sichtbar wird.
Es kann gut sein, dass Sie beim Einstellen ein schwaches Radarziel in ein helles verwandeln. Falls das geschieht, achten Sie darauf, ob irgendwo ein neues schwaches Ziel auf dem Schirm erscheint, das vorher nicht zu sehen war, und richten Sie darauf Ihre Aufmerksamkeit.
Wenn sonst kein anderes Radarziel sichtbar ist, können Sie die Echos von reflektierendem Seegang nutzen. Dafür müssen Sie vielleicht einen kleineren Bereich einstellen, als Sie benötigen, das Resultat der Feinabstimmung wird dann nicht so gut. Viele Radargeräte haben eine Tuning-Anzeige in Form eines kleinen Balkens auf dem Bildschirm. Stellen Sie die Abstimmung so ein, dass der Balken ein Maximum anzeigt, das ist eine schnelle Methode mit gutem Ergebnis, aber selten so gut wie die Einstellung am Radarbild.

Grundeinstellungen
In den Zeiten der Kathodenstrahlröhren galt es unter den Profis als gute Praxis, alle wichtigen Knöpfe, vor allem Brilliance (Helligkeit), vor dem Ausschalten ganz gegen den Uhrzeigersinn auszudrehen und nach dem Einschalten die Einstellprozedur wieder neu zu beginnen.
An einem Rasterscan-Bildschirm sind solche Maßnahmen unnötig, aber es ist trotzdem sinnvoll, sich eine Standard-Routine für die Grundeinstellungen nach jedem Einschalten vorzunehmen. Die Reihenfolge ist leicht zu merken, denn abgesehen vom Stand-by-Schalter läuft alles in alphabetischer Reihenfolge der englischen Beschriftung:
• Brilliance – Helligkeit
• Contrast – Kontrast (bei LCD-Bildschirmen)
• Gain – Verstärkung
• Range – Messbereich
• Tune – Abstimmung

Viele Radargeräte sind mit automatischer Gain- und Tuning-Einstellung ausgestattet. Das können Sie mit einer Kameraautomatik vergleichen, die dafür sorgt, dass jeder ein brauchbares Bild erhält. Wer aber etwas Erfahrung hat, wird immer ein besseres Ergebnis mit einer Einstellung von Hand erreichen, vor allem unter ungünstigen Verhältnissen.

Feineinstellungen für das Bild

Die behandelten Bedienschritte gehören zur Grundeinstellung des Radars, die folgenden Einstellungen dienen zur Verbesserung des Radarbildes unter bestimmten Bedingungen.

Sea Clutter – Seegangsenttrübung

Sea Clutter ist die englische Bezeichnung für Störflecken, die von Seegangsechos in der Umgebung des Schiffes stammen.

Ruhiges, glattes Wasser macht keine Probleme, aber je rauer der Seegang wird, desto größer wird die betroffene Fläche auf dem Bildschirm. Das kann so weit gehen, dass feste Objekte wie Tonnen oder kleine Fahrzeuge vollständig verdeckt werden.

Die Antennenhöhe spielt eine Rolle für den von Seegangsechos betroffenen Radius. Für niedrig angebrachte Antennen sind die senkrecht stehenden Flächen

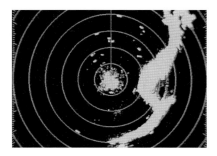 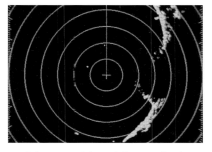

Die Störflecken um die Mitte des Radarbildes sind durch Echos reflektierenden Seegangs verursacht.

Auf diesem Bild sind die Störflecken mithilfe der Seegangsenttrübung (Sea-Clutter-Regler) verschwunden. Alle kleinen Radarziele und ein Teil der Landechos sind allerdings ebenfalls verschwunden.

Das Bildgerät – Einstellungen

entfernter Wellen durch den Seegang in der näheren Umgebung abgedeckt, der Radius ist dann auf wenige Hundert Meter beschränkt. Große Schiffe dagegen, deren Antennen in über 30 Meter Höhe sind, leiden manchmal an Seegangsstörungen bis über vier Seemeilen Abstand.

Der Knopf für die Seegangsenttrübung kann unterschiedlich bezeichnet sein: »Sea Clutter«, »Anti Clutter Sea«, »Swept Gain« oder »STC« (für Sensitivity Time Control). Die Funktion berücksichtigt den Umstand, dass die Störflecken nur in einem begrenzten Bereich auftreten. Sie reduziert die Empfangsverstärkung für die ersten Mikrosekunden nach der Impulsaussendung, um danach wieder allmählich auf das normale Niveau zu steigen. Der Nachteil ist, dass alle Echos im Nahbereich davon betroffen sind. Das Radar kann die Echos nicht von den durch Tonnen, Booten, Schiffen oder Küstenlinien verursachten unterscheiden: Jedes Echo im Nahbereich wird geschwächt und unter Umständen vom Bildschirm gelöscht.

Der Knopf gegen Seegangsechos ist als der gefährlichste des Radargerätes bezeichnet worden, er sollte benutzt werden wie Chilipfeffer zum Kochen, ein wenig – das kann das Bild sehr verbessern –, zu viel – und alles ist verdorben!

Rain Clutter – Regenenttrübung

Mit Rain Clutter werden Störflecken bezeichnet, die durch Niederschlagsechos verursacht entstehen. Meistens wird es Regen sein, seltener Graupel, Schnee oder Hagel.

Ein einzelner Tropfen oder eine Flocke gibt kein erkennbares Echo, aber die Masse der Tropfen ist in der Lage, ein beachtliches Echo zu erzeugen. Auf dem Bildschirm wird die Wirkung mit einem Baumwollbüschel verglichen, das gilt für die alten Röh-

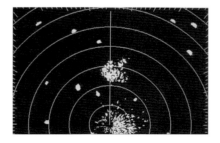

Die helle Anhäufung von Flecken in der Mitte der Abbildung (über dem Zentrum des Bildschirms) ist durch Regen oder tief hängende Wolken verursacht.

Feineinstellungen für das Bild

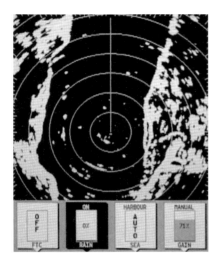 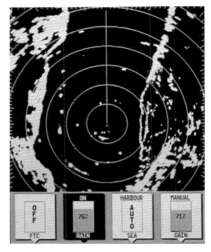

Dieses Radargerät hat eine stufenlos einstellbare Regenenttrübung (was ungewöhnlich ist). Beachten Sie, dass die hoch eingestellte Enttrübung (rechtes Bild) keine Wirkung auf die steile Küste links im Bild hat. Das flache Marschenland auf der rechten Seite aber gibt nur noch eine schwache Abbildung, wenn die Regenenttrübung aktiv ist.

renbildschirme; auf den Rasterscan-Schirmen wirkt Regen eher wie ein grobkörniger Haufen, ähnlich den Seegangsflecken, allerdings nicht auf den Nahbereich beschränkt.

Die Tatsache, dass Regentrübung überall auf dem Radarbild auftauchen kann, schließt die Seegangsenttrübung als Gegenmaßnahme aus. Aber die Art des Echos erlaubt eine andere Bekämpfung des Problems.

Der Knopf gegen Niederschlagsechos kann unterschiedliche Bezeichnungen tragen. »Anti-Clutter Rain«, »Differentiation«, »Fast Time Constant« oder kurz »FTC« können vorkommen. Wie immer der Knopf genannt wird, die Funktion berücksichtigt, dass Echos von Niederschlagsfeldern tendenziell schwächer, aber ausgedehnter als die Echos fester Objekte sind. Indem nur die schiffsnahe Kante

des Regenfeldes abgebildet wird, reduziert die Funktion Regenechos so weit, dass sie auf dem Radarbild kaum noch erscheinen.
Auch das stärkste Niederschlagsfeld wird dadurch nur als schmale Linie dargestellt, so werden Objekte, die in der Trübung verschluckt waren, sichtbar. Im Gegensatz zur Seegangsenttrübung ist die Regenenttrübung an den meisten Radargeräten nicht stufenlos einstellbar, sondern nur ein- oder auszuschalten. Eine stufenlose Einstellung der Regenenttrübung ist allerdings auch nicht so wichtig wie beim Seegang, das Risiko, Echos zu verschlucken, ist nicht so groß.
Ein bestimmter Typ echter Echos ist allerdings auch deutlicher betroffen: niedrige, flach ansteigende Küsten erzeugen generell schwache, ausgedehnte Echos, die auf dem Radarbild großflächig und unscharf wiedergegeben werden. Sie lassen oft nur eine schmale unterbrochene Küstenlinie erkennen.

Interference Rejection (IR) – Unterdrücken von Fremdechos

Das Problem eines gestörten Empfangs kennt jeder vom Fernseher oder Radio, vor allem wenn ein fremdes Signal die gewünschte Sendung überdeckt.
Obwohl alle X-Band-Radargeräte mit etwa der gleichen Frequenz und Wellenlänge senden, sind die Herstellungstoleranzen für die Magnetron-Röhren absichtlich groß genug, die Frequenzen um etwa 200 MHz variieren zu lassen. Nur zum Vergleich: Die Frequenzspanne für den gesamten UKW-Seefunk beträgt 6 MHz.
Das Risiko von Wechselwirkungen mit fremden Radargeräten ist meist sehr gering. Selten gibt es in der Nähe viele Schiffe, die auf derselben Frequenz senden. Trotzdem wird die Empfindlichkeit des Radarempfängers bei sehr dichtem Verkehr, vor allem im Ärmelkanal, ein Problem mit Fremdechos hervorrufen.
Die klassische Wirkung des Empfangs von Fremdechos waren gepunktete, gekrümmte Linien, die radial wie gebogene Speichen vom Zentrum des Radarbildes nach außen verliefen. Heute ist es eher ein Bild aus der kumulativen Wirkung mehrerer fremder Radargeräte, was ein nicht ganz so schönes Bild ergibt: eine Menge von Störflecken, manchmal in Form kurzer gepunkteter Linien, aber häufiger als regellose Anhäufungen.
Glücklicherweise hat der technische Fortschritt, einerseits für die Verbreitung der Radargeräte verantwortlich, auch eine Lösung für dieses Problem gefunden. Die

Line-to-line-Korrelation vergleicht intern die Bilder zweier aufeinander folgender Radarbilder. Wenn ein Flecken auf dem neuen Radarbild auftaucht, der vorher fehlte, geht der Computer (im Radar) davon aus, dass es ein Fremdecho ist. Echte Radarziele werden also deshalb angezeigt, weil sie zweimal hintereinander an derselben Stelle auftauchen, falsche Echos nicht.

Verglichen mit der riskanten Seegangsenttrübung, ist die Unterdrückung von Fremdechos relativ harmlos. Sie reduziert allerdings auch die Flecken des Hintergrundrauschens, die ja gerade bei der Einstellprozedur hilfreich sind. Beim Einstellen des Radars, kurz nach dem Einschalten, sollte also die (IR-)Entstörung ausgeschaltet sein.

Es wird oft darauf hingewiesen, dass die Interference Rejection (IR) den Empfang von Racons = Radar beacon (siehe Seite 159 »Racon«) unterdrückt. Das ist im Prinzip möglich, aber es gibt nur ganz bestimmte Arten von Racons, für die das gilt, und die sind äußerst selten.

Bildstabilisierung

Bis vor wenigen Jahren waren die meisten der kleineren Radaranlagen nur vorausorientiert (»Head-up«). Inzwischen sind bei modernen Radargeräten unterschiedliche Bildorientierungen einstellbar, alle mit Vor- und Nachteilen.

Head-up – Vorausorientiert

Auf den einfachsten Bildgeräten ist das Schiff immer im Zentrum und nach oben ist die Vorausrichtung (Heading). Eine helle Linie, »Heading Mark« (HM) oder »Ships Head Marker« (SHM), zeigt die Vorausrichtung an.

Außer der Tatsache, dass die Head-up-Darstellung die einfachste und billigste ist, hat sie den Vorteil, dass die Richtungen auf dem Schirm den Richtungen entsprechen, wie man sie aus dem Cockpit sieht. Objekte, die voraus sind, sind auf dem Bildgerät oben zu sehen, Objekte achteraus erscheinen unten im Bild, Objekte an Backbord erscheinen links usw. Der daraus resultierende Nachteil ist, dass sich das Bild bei jeder Kursänderung sofort dreht. Große Radarziele verschmieren, kleine können verloren gehen. Seitenpeilungen können zudem leicht ungenau werden.

Das Bildgerät – Einstellungen

North-up – Nordorientiert
Mit Ausnahme der einfachsten Geräte, lassen sich Radargeräte alle an einen elektronischen Kompass anschließen. Die Radarsoftware kann das Bild dann so drehen, dass Norden oben ist.

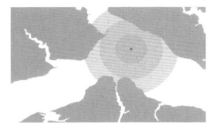

Vergleichen Sie die Kartenskizze vom mittleren Teil des Solents mit den Radarbildern darunter.

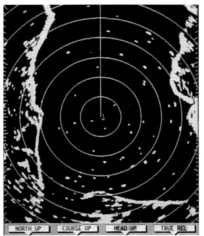

Head-up: Die Yacht steuert etwa 120°, die Isle of Wight (in der Kartenskizze noch unten) liegt hier auf der rechten Seite des Bildschirms.

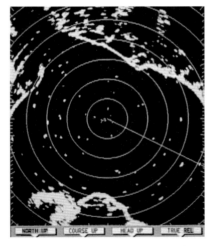

North-up: Der Kurs ist immer noch 120°, aber das Radarbild ist jetzt um 120° gegen den Uhrzeigersinn gedreht, es kann direkt mit der Seekarte verglichen werden.

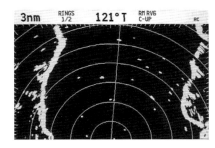

Course-up: Beachten Sie, dass das Bild der Head-up-Darstellung zwar ähnlich ist, aber die Vorauslinie (HM) nicht genau nach oben zeigt.

Wählen Sie die Einstellung North-up (nordorientiert), ist Ihre Yacht auch immer im Zentrum, die Vorausrichtung wird wiederum durch den SHM oder die HM (Heading Mark) angezeigt. Das Radarbild zeigt die Richtungen allerdings nicht mehr so, wie Sie sie an Deck sehen. Wenn Sie nach Süden laufen, zeigt die Heading Mark nach unten, und Objekte an der Backbord-Seite sind folglich jetzt rechts auf dem Bild zu sehen.
Die North-up-Darstellung hat den Vorteil, dass sie der Orientierung der Seekarte entspricht, deshalb ist sie für die Navigation und zur Ansteuerung besser geeignet als zur Kollisionsverhütung.
Die Objekte »tanzen« bei der North-up-Darstellung nicht so hin und her wie im Head-up-Modus. Der Nachteil ist, dass viele Schwierigkeiten haben, die Richtungen, die sie von Deck aus sehen, mit dem Radarbild in Übereinstimmug zu bringen.
Ein paar Modelle erlauben auch die Wahl einer South-up-Darstellung. Ob diese Südorientierung nützlich ist, erscheint fraglich, denn südorientierte Seekarten bietet kein Hersteller an.

Course-up – Kursorientiert
Course-up vereinigt teilweise die Vorteile der Nordorientierung mit denen der Vorausorientierung. Die Kursorientierung nutzt auch die Signale des elektronischen Kompasses, um ein stabilisiertes Bild zu erzeugen. Die Drehungen durch die Gierbewegungen werden nicht angezeigt, aber nicht Norden ist oben im Radarbild, sondern der Sollkurs. Das Bild ist so ähnlich wie bei Head-up, aber stabiler. Das

Gieren ist am Hin- und Herwackeln der Heading Mark zu erkennen, ohne dass die stationären Objekte sich dauernd mitdrehen.
Course-up ist vor allem zur Kollisionsverhütung geeignet, solange der am Radar eingestellte Kurs mit dem tatsächlich gesteuerten übereinstimmt. Weder der Richtungssensor noch das Radar kann eine Gierbewegung von einer beabsichtigten Kursänderung unterscheiden, es liegt also beim Anwender, die Course-up-Einstellung zu aktualisieren, wenn die Yacht ihren Kurs ändert.
Meistens wird es reichen, das Bildgerät kurz auf einen anderen Darstellungsmodus zu schalten, um dann wieder in den Course-up-Modus zu gehen: Das Radargerät nimmt den Kurs, der anliegt, wenn die Course-up-Funktion aktiviert wird.

Off-Centring – Dezentrierte Darstellung
Off-Centring erlaubt, die Mitte des Radarbildes gegenüber der Mitte des Bildschirmes zu verschieben. Das lohnt sich am meisten bei schnellen Booten, weil das Bild dann weiter vorausreicht, ohne dass der Maßstab sich ändert. Z. B. können Sie im Sechs-Seemeilen-Bereich neun Meilen voraus und drei achteraus überblicken.

True Motion – Absolutdarstellung
Die Absolutdarstellung, True Motion, ist eine besondere Weiterentwicklung der Off-Centring-Funktion. Hierbei bewegt sich das Zentrum des Radarbildes automatisch über den Bildschirm, während sich das Schiff über Grund bewegt. Um das zu erreichen, muss das Radargerät entweder an ein genaues Log und einen genauen Kompass angeschlossen sein (Seestabilisierung = sea stabilised true motion) oder an einen genauen Positionsgeber wie GPS (Grundstabilisierung = ground stabilised true motion).
True Motion bedeutet, dass die Objekte, die stationär sind, auch auf dem Bildschirm stationär bleiben, während die beweglichen Radarziele auf dem Bildschirm die tatsächlichen Bewegungen der entsprechenden Schiffe wiedergeben.
Auf Kriegsschiffen wird es seit vielen Jahren verwendet, und auf großen Handelsschiffen findet das Verfahren auch zunehmend Anwendung. Für Yachten ist der Vorteil nicht so groß, wie es zunächst aussehen könnte, denn das Erkennen von Kollisionsgegnern ist in der True-Motion-Darstellung viel schwieriger als mit einer relativen Darstellungsart.

Messhilfen

Das klassische Radarbild, wie wir es von vielen Filmen her kennen, hat ein auffälliges Muster von konzentrischen Kreisen in gleichmäßig wachsenden Abständen vom Bildzentrum und eine (etwas weniger auffällige) Gradeinteilung am äußeren Rand des Bildes.

Die Gradskala hilft dem Beobachter, Peilungen besser abschätzen zu können, als dies mit bloßem Auge möglich wäre.

Die Ringe haben einen ähnlichen Zweck. Sie zeigen gleiche Abstände vom Zentrum an, die Intervalle sind abhängig vom Gerätetyp und vom gewählten Messbereich. In dem Sechs-Seemeilen-Bereich sind z. B. sechs Ringe im Intervall von einer Seemeile eingeblendet. Im 16-Seemeilen-Bereich können es vier Ringe im Intervall von vier Seemeilen sein. Die Intervallgröße ist auf dem Bildschirm meist in einem kleinen Datenfenster in der Ecke angezeigt.

Wenn Ihnen die Ringe nicht gefallen oder Sie Sorge haben, dass kleine Radarziele verdeckt werden, schalten Sie sie einfach aus (»Rings on/off«). Auch die Heading Mark, HM, können Sie ausschalten (»HM-off«, »HM-delete« oder ähnlich), aber nur solange Sie den Knopf gedrückt halten, beim Loslassen ist er wieder da. Diese Möglichkeit, die Vorausmarke auszublenden, stammt aus der Handelsschifffahrt – bei großen Radaranlagen können sich kleine Ziele unter der Vorauslinie verstecken. Auf kleinen Yachtradargeräten ist die Radarkeule so breit, dass sie kaum ein Echo erzeugen wird, das schmaler als die Vorauslinie ist. Außerdem müsste der Rudergänger außerordentlich genau steuern, um ein Radarziel länger als ein paar Sekunden unter der Heading Mark zu halten.

Electronic Bearing Line (EBL) – Elektronische Peillinie

Die Gradskala am äußersten Rand des Radarbildes ist nützlich, aber sie ist nicht für genaue Peilungen geeignet, alle Radargeräte haben deshalb mindestens eine elektronische Peillinie, Electronic Bearing Line = EBL.

In der einfachsten Form ist die EBL eine Linie wie die Heading Mark, nur lässt sich die EBL als Peillinie einstellen. Zum Peilen drehen Sie einfach die EBL, bis sie durch das gewünschte Radarziel läuft, die Gradzahl können Sie dann in einem kleinen Fenster sehen, das mit der Bezeichnung EBL auftaucht.

Viele Navigatoren, die eine traditionelle terrestrische Navigation gewohnt sind,

Das Bildgerät – Einstellungen

begrüßen die EBL als eine Art Hightech-Peilkompass. Sie sollten aber etwas vorsichtig sein und bedenken – das Peilen ist nicht die größte Stärke des Radars:
- Wenn die Heading Mark nicht genau der Längsschiffsrichtung entspricht, geht eine Fehlstellung in alle Peilungen mit der EBL ein.
- Die horizontale Auflösung der Radarkeule lässt die Objekte breiter erscheinen, als sie sind, vor allem wenn sie gut reflektieren und sich in geringem Abstand zur eigenen Yacht befinden. Bei kleinen Objekten wie Tonnen und Baken kann man die EBL durch die Mitte des Radarzieles laufen lassen. Für große Objekte wie Landspitzen oder Inseln können Sie einen Peilfehler mindern, wenn Sie die EBL auf eine Kante des Objekts richten und sie dann um den halben Winkel der horizontalen Auflösung weiterdrehen.
- In der Head-up-Darstellung ist jede Peilung auf die Heading Mark bezogen. Ein Objekt, das backbord querab peilt, wird mit einer Peilung von 270° angezeigt. Die Seitenpeilung müssen Sie in eine rechtweisende Peilung verwandeln.

Radarpeilungen in rechtweisende Peilungen verwandeln
Im Prinzip müssen Sie nur die Radarseitenpeilung zu Ihrem Kompasskurs addieren und die Fehlweisung berücksichtigen, um eine rechtweisende Peilung zu erhalten. Die größte Unsicherheit liegt dabei in der Bestimmung des Kompasskurses im Augenblick der Peilung. Dies erfordert eine genaue Abstimmung zwischen Navigator und Rudergänger. Leider können viele Rudergänger nicht so gerade steuern, wie sie glauben!
Ist der Kompasskurs erst einmal bestimmt, kann die Umrechnung beispielsweise so aussehen:

Radarseitenpeilung	296°	Seitenpeilung auf dem Bildschirm ablesen
+ Kompasskurs (MgK)	157°	vom Steuerkompass
= Kompasspeilung (MgP)	453°	
± Ablenkung (Abl)	+ 006°	von der Ablenkungs- oder Deviationstabelle[8]
= missweisende Peilung	459°	

Messhilfen

± Missweisung	− 004° aus der Seekarte (E-lich +, W-lich −)
= rechtweisende Peilung (rwP)	455° wenn nötig 360° subtrahieren
	− 360°
= rechtweisende Peilung (rwP)	095°

Die Berechnung ist zwar einfach, bietet aber auch genügend Schritte, um Fehler machen zu können. Wenn Sie mehrere Peilungen kurz hintereinander machen müssen, vervielfacht sich die Gefahr, Fehler zu machen.

Wenn das im North-up-Modus läuft, sind die Peilungen auf den Kompass bezogen, der an das Radar angeschlossen ist. Dann erhalten Sie keine Seitenpeilung, sondern eine Kompasspeilung, an die Sie noch Ablenkung und Missweisung anbringen müssen. Ist der elektronische Kompass automatisch kompensiert und ist eine passende Missweisungskorrektur eingegeben, dann erhalten Sie direkt eine rechtweisende Peilung. Es ist also wichtig, dass Sie wissen, mit welchen Peilungen und Kursen Sie es in der Radarnavigation zu tun haben.

Variable Range Marker (VRM) − Variabler Abstandsring

Der Variable Range Marker (VRM) ist im Gegensatz zu den schon erwähnten festen Abstandsringen frei verstellbar. Mit dem Knopf »VRM« können Sie den Radius einstellen, der zudem wie bei der EBL in einem Extrafenster an der Seite

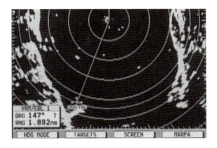

Variable Range Marker (VRM) und Electronic Bearing Line (EBL) in der Anwendung. Die Entfernung und die Peilung zu einer auffälligen Steganlage werden bestimmt. Viele Radargeräte (unter anderem auch dieses) haben einen einzigen Knopf zum wahlweisen Einstellen von VRM und EBL.

---

[8] Die Ablenkung hängt von Boot, Kompass und Kurs ab. Sie muss der Ablenkungstabelle des Bootes für den Kurs am Steuerkompass zur Zeit der Seitenpeilung entnommen werden.

oder Ecke im Bild angezeigt wird. Zur Abstandsmessung vergrößern Sie den VRM, bis er die innere Kante des Radarzieles eben berührt.
Abstandsmessungen mit dem Radar sind auch nicht frei von Fehlern, aber sie sind prinzipiell genauer als Radarpeilungen, und die Rechnerei von Peilung und Kursen fällt weg.

Verschiebbare VRM und EBL
Immer mehr Bildgeräte bieten zwei oder mehr EBL und VRM.
Einige Geräte erlauben auch das Verschieben des Zentrums für die Peillinien oder Abstandsringe über den gesamten Bildschirm. Das kann nützlich sein, wenn Sie z. B. ein Boot oder eine Tonne suchen und wissen, wo sich das gesuchte Objekt in Bezug auf eine Huk befindet. Verschieben Sie das Zentrum für EBL/VRM zur Landspitze, und stellen Sie die entsprechende Entfernung und Peilung ein, dann wissen Sie, wo das Objekt auf dem Radarbild auftauchen muss.

Cursor – Marke
Ein Cursor war bei den alten Röhrengeräten eine Glas- oder Kunststoffscheibe, die mit einem Muster aus eingravierten Linien auf dem Radarbildschirm drehbar angebracht war. Er hatte den gleichen Zweck, den jetzt die EBL des Rasterscan-Radars hat.
Heute wird der Begriff Cursor in gleicher Weise wie für Computer verwendet. Er ist eine Marke oder ein Zeiger in Form eines kleinen Kreuzes oder Kreises, der mit Trackball oder Joystick bewegt werden kann. Der Cursor kann beim Radar verschiedene Funktionen haben. Er kann das Zentrum eines aus der Mitte verschobenen Radarbildes anzeigen, er kann Ausgangspunkt für die verschobene EBL oder VRM oder für eine Warnzone sein. Die Entfernung und Peilung zum Zentrum bzw. zum eigenen Standort auf dem Radarschirm wird in einem kleinen Datenfenster angezeigt, auf diese Weise kann der Cursor wie eine Kombination aus EBL und VRM wirken.

Das Radarbild – was ist zu sehen?

Auch wenn Sie die bestmögliche Einstellung für Ihr Bildgerät gefunden haben – es gibt immer noch Objekte, die nicht zu sehen sind, und vielleicht sind auch auf dem Schirm ein oder zwei Dinge zu sehen, die es in Wirklichkeit nicht gibt. Das sind genauso wenig Fehler, wie unsere Unfähigkeit, durch Mauern oder in völliger Dunkelheit sehen zu können. Denn deshalb müssten wir uns auch keine Sorgen um unsere Sehfähigkeit machen.
Die grundlegende Frage ist, ob ein Objekt von den Strahlen unseres Radars getroffen wird und einen ausreichenden Anteil davon wieder zurückwirft. Verschiedene Ursachen können dazu führen, dass dies nicht geschieht:

Abgeschattete und tote Sektoren
Es leuchtet ein, dass ein Hindernis im Strahlengang der Radarantenne, wie z. B. ein Schornstein, die Strahlung blockiert und einen toten Winkel verursacht. Etwas weniger klar mag die Wirkung eines schmaleren Hindernisses sein, wie z. B. der Mast einer Segelyacht. Hier wird ein Teil der Strahlungsenergie abgeschirmt, es entsteht ein abgeschatteter Sektor, in dem kleine Objekte und schwache Echos schlechter empfangbar sind.
Kleinere Fahrzeuge sind im Allgemeinen weniger von toten und abgeschatteten Sektoren betroffen als große Frachtschiffe mit ihren Ladekränen. Falls Sie aber ein bestimmtes Problem haben, wie eine kleine Antenne auf der Saling eines breiten Mastes, dann könnte es sich für Sie lohnen, eine Skizze der betroffenen Sektoren zu machen und diese in der Nähe des Bildgerätes aufzuhängen.
Um die abgeschatteten oder toten Sektoren Ihres Radars zu finden, gibt es eine einfache Methode. Sie begeben sich mit der Yacht in Seegang und drehen den Sea-Clutter-Regler ganz aus. Dann stellen Sie einen kleinen Messbereich ein, der Ihnen einen deutlichen Kreis an Seegangsechos liefert, und ermitteln alle Sektoren, in denen der Seegang schwächer abgebildet wird (abgeschattet) oder gar nicht zu sehen ist (toter Sektor).

Abgeschattete Gebiete
Abgeschattete Gebiete spielen viel häufiger eine Rolle als tote Sektoren, denn sie werden durch Hindernisse in einiger Entfernung zum Schiff verursacht.
Am häufigsten ist eine Küstenlinie dafür verantwortlich. Inseln und Küsten-

abschnitte können entferntere Gebiete verbergen, wie sie es für das menschliche Auge auch tun. Daran können Sie nichts ändern, sondern es nur akzeptieren.

Der Radarhorizont

Das größte Hindernis für das Radar ist die Erde selbst, ihre Krümmung begrenzt nicht nur die optische Sichtweite, sondern auch die »Sichtweite« des Radars. Der Radarhorizont reicht etwas weiter als der optische, weil die Radarwellen etwas stärker gebogen werden, aber er ist immer noch erstaunlich nah (siehe Seite 153). Für die meisten praktischen Anwendungen können Sie die Tafeln für die visuelle Abstandsbestimmung benutzen, wie sie in vielen Handbüchern zu finden sind. Oder Sie rechnen nach der Formel $D = 2{,}2 \times \sqrt{H_a}$, mit D = Distanz zum Radarhorizont in Seemeilen und H_a der Antennenhöhe über Wasser in Metern. Für eine Antenne in vier Meter Höhe ist der Radarhorizont z. B. 4,4 Seemeilen entfernt:

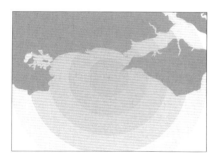

Eine Kartenskizze des Gebiets, das rechts auf dem Radarbild dargestellt ist.

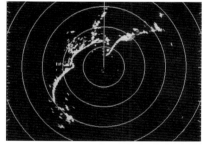

Die Head-up-Darstellung ist gegenüber der Skizze links um 45° gegen den Uhrzeigersinn gedreht. Anvil Point (unten links) sieht aus wie eine Anhäufung von Inseln, weil die niedrige Küste weiter nördlich hinter dem Radarhorizont liegt. Der Solent (oben rechts) ist hinter der Isle of Wight verborgen.

$$D = 2{,}2 \times \sqrt{4}$$
$$= 2{,}2 \times 2$$
$$= 4{,}4$$

Mit dieser Formel können Sie auch die Entfernung bestimmen, in der eine entfernte Küste theoretisch eben auf dem Radarbild zu sehen ist. So, wie Sie die Tafel »Feuer in der Kimm« aus einem Leuchtfeuerverzeichnis benutzen, um den Abstand zum Leuchtturm zu bestimmen.

Wenn Ihre Radarantenne beispielsweise vier Meter über dem Wasser ist, und Sie wollen die ersten Echos einer 100 Meter hohen Steilküste sehen, dann ist Ihr Radarhorizont in 4,4 Seemeilen Entfernung, ein Radar oben auf der Steilküste hätte seinen Horizont im Abstand von 22 Seemeilen:

$$D = 2{,}2 \times \sqrt{100}$$
$$= 2{,}2 \times 10$$
$$= 22$$

Wenn also die Radargeräte empfindlich genug wären, könnten sie einander auf 26,4 Seemeilen Abstand erkennen. Die Formel berücksichtigt nicht die Leistung oder Reichweite des Radars. Das Ergebnis ist unabhängig davon, ob der größte Messbereich bei 36 oder 72 Seemeilen liegt. Leistungsstarke Radaranlagen haben ihre Vorteile, aber hinter den Horizont reichen sie nicht.

Der nächste interessante Punkt ist, dass Sie zwar Ihren Radarhorizont erweitern können, wenn Sie die Antenne höher anbringen – aber der Unterschied ist nicht groß. Nehmen Sie an, Sie montieren Ihre Antenne in neun Meter Höhe, dann verlängert sich der Abstand zum Horizont auf 6,6 Seemeilen:

$$D = 2{,}2 \times \sqrt{9}$$
$$= 2{,}2 \times 3$$
$$= 6{,}6$$

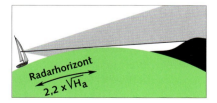

Die Radarsicht ist durch den Horizont begrenzt.

Der Radarhorizont der 100 Meter hohen Steilküste wäre immer noch bei 22 Seemeilen. Obwohl sich Ihre Antennenhöhe mehr als verdoppelt hat, steigt Ihr theoretischer größter Beobachtungsabstand auf nur 28,6 Seemeilen, also nur ein paar Meilen mehr. Gleichzeitig haben Sie aber Ihren Radius für die Seegangstrübung erweitert und erschweren den Zugang eines Technikers zur Radarantenne.

Was zeigt das Radarbild?
Selbst wenn die Radarstrahlen auf ein Objekt treffen, wird es auf dem Bildschirm unsichtbar bleiben, wenn nicht genug Strahlungsenergie zurückgeworfen wird. Fünf Faktoren bestimmen, ob ein Radarziel sichtbar wird oder nicht:
- Material
- Größe
- Blickwinkel
- Beschaffenheit der Oberfläche (Textur)
- Form

Material
Auf welches Material die Radarstrahlen treffen, ist wichtig, weil einige Stoffe für die Strahlen durchlässig sind, wie Glasfaserkunststoff, andere Stoffe die Strahlung absorbieren, wie Holz. Gute elektrische Leiter absorbieren streng genommen die Strahlung auch, senden sie jedoch sogleich wieder aus. Für den praktischen Gebrauch können wir sagen: Leitfähige Materialien sind gute Reflektoren.

Größe
Die Bedeutung der Größe ist offenkundig, große Objekte werden mehr Strahlen reflektieren können als kleinere aus dem gleichen Material.

Blickwinkel, Textur und Form
Blickwinkel, Beschaffenheit der Oberfläche (Textur) und Form stehen in einer engen Beziehung zueinander. Zur Veranschaulichung können wir uns eine Taschenlampe vorstellen, die anstelle der Antenne ihren Lichtkegel auf einen Spiegel wirft. Steht der Spiegel senkrecht zu den auftreffenden Stahlen, werden die reflektierten Strahlen direkt zurückgeworfen. Wenn die Spiegelfläche gegen-

Was zeigt das Radarbild?

über der Strahlenrichtung leicht geneigt ist, werden die Strahlen weggelenkt, sie erreichen die Taschenlampe bzw. Antenne nicht mehr.
Um die Wirkung der Textur zu erklären, stellen Sie sich vor, dass der Spiegel zerbricht und nur grob wieder zusammengeklebt wird oder Metallfolie zu einem Knäuel gerollt und anschließend wieder auseinandergefaltet wird. Auch wenn die Strahlen jetzt nicht mehr senkrecht auf die Oberflächen treffen, ist die Wahrscheinlichkeit groß, dass ein geringer Anteil in Richtung Antenne zurückgeworfen wird. Für ein Radar reflektiert eine raue Oberfläche schlechter als eine glatte, aber sie ist mit größerer Wahrscheinlichkeit erkennbar, also zuverlässiger.
Die Form wirkt ähnlich wie die Textur, aber in einem anderen Maßstab. Ein Quader mit glatten Flächen hätte vier gleich große Spiegel, die gute Echos ergeben, wenn die Radarstrahlen senkrecht auftreffen. Auf die Kanten oder Ecken bezogen, ist er aber ein schlechter Reflektor, weil die Strahlen alle in die falsche Richtung gelenkt werden.
Eine Kugel zeigt immer einen Teil ihrer Fläche Richtung Antenne. Leider gilt das aber nur für einen winzigen Punkt, die Fläche neben dem Punkt reflektiert die Strahlung in alle möglichen Richtungen. Das Echo einer Kugel ist demzufolge sehr schwach, aber auch sehr zuverlässig, denn es gibt immer eine Stelle, die senkrecht

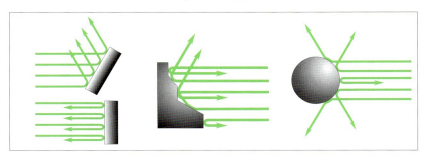

Flache, glatte Flächen sind gute Reflektoren, aber sie lenken die Radarechos in die falsche Richtung.

Oberflächen mit unregelmäßiger Textur geben ein schwächeres, dafür aber zuverlässigeres Radarecho.

Gekrümmte Oberflächen sind schlechte Reflektoren, sie neigen dazu, die Radarwellen zu streuen.

zu den eintreffenden Mikrowellen ist, egal ob die Kugel sich bewegt und in welcher Lage sie ist, der Blickwinkel bleibt unverändert.

Radarreflektoren

Wie die Tabelle unten zeigt, geben Land und Schiffe im Allgemeinen gute Radarziele ab, die auch auf kleinen und einfachen Yachtradargeräten im Bereich von acht Seemeilen gut zu sehen sind. Tonnen, Boote und kleine Yachten sind dagegen schlecht zu sehen und deshalb oft mit Radarreflektoren[9] ausgestattet. Viele verschiedene Formen von Radarreflektoren gibt es auf dem umkämpften

	Land	Schiffe	Tonnen	Boote
Material	gut	ausgezeichnet	ausgezeichnet	schlecht
Größe	ausgezeichnet	gut	schlecht	schlecht
Orientierung	unterschiedlich	unterschiedlich	unterschiedlich	unterschiedlich
Form	unterschiedlich	recht gut	schlecht	schlecht
Textur	gut	gut	schlecht	schlecht
Insgesamt	sehr gut	sehr gut	eher schlecht	schlecht

Markt. Sie lassen sich in drei Gruppen unterteilen: Oktaederreflektoren, Röhrenreflektoren und Linsenreflektoren.

Oktaederreflektoren

Oktaederreflektoren bestehen aus flachen Blechen, die so zusammengefügt sind, dass die Flächen senkrecht aufeinander stehen und die äußere Form einem Oktaeder ähnlich ist. Statt Blechen werden auch Drahtnetze, in GFK laminiert, verwendet oder metalliertes Tuch, das in einem aufblasbaren Gehäuse aufgespannt wird.

Die Funktionsweise ist nicht schwer zu erkennen, wenn Sie sich vorstellen, dass

---

[9] Nach den Bestimmungen von SOLAS (Safety of Life at Sea) sind alle Fahrzeuge unter 150 Tonnen auf See verpflichtet, einen Radarreflektor anzubringen, unabhängig davon, ob die Fahrzeuge gewerblich genutzt werden oder nicht.

Ein klassischer Oktaederreflektor, hier in der korrekten Regenfängerstellung.

die Radarwellen wie Squashbälle in die Ecken eines Raumes geschleudert werden. Egal aus welcher Richtung die Wellen in die Ecke treffen, sie werden immer auf einer Bahn parallel zur Anfangsrichtung zurückgeworfen. Oktaederreflektoren sind billig, leicht und zuverlässig, solange die Bleche eben sind und senkrecht aufeinander stehen und die Reflektoren richtig, nämlich in »Regenfängerstellung«, montiert sind.

Röhrenreflektoren
Röhrenreflektoren sind etwas aufwendiger in Herstellung und Design. Sie sind in einem zylindrischen Gehäuse untergebracht und bestehen ebenfalls aus einer Reihe von »Ecken« mit rechtwinklig zueinander stehenden Flächen. Sie wirken nach dem gleichen Prinzip wie die Oktaeder.

Linsenreflektoren
Die Linsenreflektoren bestehen aus einer Kugel aus speziellem Kunststoff. Sie bricht die Mikrowellen und fokussiert sie auf einen Metallstreifen, der die Wellen wieder reflektiert und auf dem umgekehrten Weg durch die Linsen zurückschickt.

Das Radarbild – was ist zu sehen?

Die Radar-Querschnittsfläche

Gesetzgeber, Ingenieure und Verkäufer brauchen manchmal eine quantitative Aussage über das Reflexionsvermögen von Gegenständen. Dazu beziehen sie sich auf den Radarquerschnitt (RCS, Radar Cross Section) oder auf den Ausdruck Equivalent Echoing Area (EEA). RCS und EEA bilden Vergleichswerte für das Reflexionsvermögen, bezogen auf eine Vergleichsfläche von einem Quadratmeter. Ein Radarreflektor mit einem RCS von 10 m reflektiert so viel Radarenergie wie eine Kugel, deren Querschnittsfläche 10 m beträgt und demzufolge einen Durchmesser von 3,5 m hat.

Ein Ball mit 3,5 m Durchmesser klingt ziemlich groß, aber eine Kugel liefert bekanntlich ein verlässliches, aber kein starkes Echo. Für ein X-Band-Radar hätte eine Metallplatte von der halben Größe dieses Buches einen vergleichbaren RCS, solange die Fläche genau senkrecht zu der eintreffenden Strahlenrichtung stünde.

Die Praxis zeigt, dass der RCS fast aller Objekte variiert, abhängig vom Blickwinkel. Eine einzelne RCS-Bestimmung wäre von recht begrenztem Wert: Es könnte ein maximaler oder minimaler Wert sein oder irgendeiner von verschiedenen Arten von Durchschnittswerten. Um zu zeigen, wie der RCS eines Radarreflektors sich mit der Neigung und Rotation ändert, wird die Reflexion meist in einem Diagramm dargestellt.

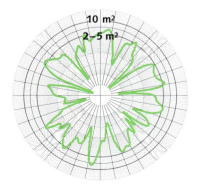

Das Polardiagramm des beliebten Röhrenreflektors zeigt die charakteristischen Spitzen und Kerben der Reflexion, abhängig von dem horizontalen Winkel, in dem der Radarstrahl auf den Reflektor trifft. Die meisten Spitzenwerte entsprechen etwa der Fläche einer kleinen Scheibe von der Größe einer Compact Disc.

Radartransponder

Um kleine Radarziele besser erkennbar zu machen, gibt es noch eine ganz andere Lösung: den Radartransponder. Anstatt Strahlen zu reflektieren, reagiert ein Transponder, indem er mit der Aussendung eines eigenen Signals antwortet.

Racon

Tonnen und Leuchttürme sind häufig mit einem Racon ausgestattet, damit sie leichter zu erkennen und identifizieren sind. Racons (= Radar beacon) gibt es in verschiedenen Typen, die alle die Eigenschaft haben, einen empfangenen Impuls mit der Aussendung eines stärkeren Impulses auf derselben Frequenz zu beantworten. Auf dem Bildgerät des Schiffes, von dem der Radarimpuls ausging, erscheint ein langes Blinken. Es sieht aus wie ein lang gezogenes Ausrufezeichen. Der Punkt, der dem Zentrum am nächsten ist, zeigt die Lage des Racons an, während der lange Balken, der davon ausgeht, das Signal wiedergibt. Häufig ist das Raconsignal kodiert, sodass der helle Balken unterbrochen ist und ein Muster aus Punkten und Strichen entsteht wie ein Morsecode.

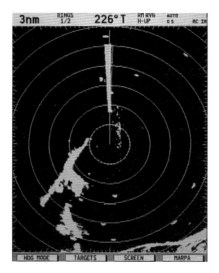

Ein Racon ist ein aktiv sendender Transponder, der hier an dem Leuchtbalken über dem Zentrum zu erkennen ist.

Die meisten Racons reagieren dabei nicht unmittelbar auf mehrere verschiedene Radarfrequenzen gleichzeitig. Sie durchlaufen stattdessen langsam die Frequenzspanne von 9,3 GHz bis 9,5 GHz, bevor sie wieder auf die Anfangsfrequenz schalten und einen neuen Durchlauf beginnen.
Ein Raconsignal zeichnet sich nicht bei jedem Antennenumlauf auf dem Bildschirm ab. Es wird sichtbar, wenn dessen Frequenz nahe der des eigenen Radargeräts liegt. Das Erkennungssignal wird dann für die folgenden ein oder zwei Antennenumdrehungen deutlicher, bis es danach wieder verschwindet.
Eine Weiterentwicklung sind Racons mit beweglicher Frequenzanpassung. Wie die Bezeichnung vermuten lässt, können sie bei Bedarf die Frequenz innerhalb ihrer Frequenzspanne schnell passend einstellen, um zu antworten. Was Yachtradargeräte angeht, ist die Wirkung dieser Racons auf dem Radarschirm aber fast die gleiche wie bei den herkömmlichen.

SART
Eine relativ neue Entwicklung in der Radartechnik sind die Search And Rescue Transponder, SART. Sie sollen vor allem auf Rettungsinseln helfen, leichter gefunden zu werden. Auch sie senden nur als Antwort auf einen empfangenen Impuls, aber mit einer ganz bestimmten Kennung aus zwölf Punkten, gleichmäßig auf einer Strecke von sieben Seemeilen verteilt.

Aktiver Radarreflektor – Radar Target Enhancer (RTE)
Aktive Radarreflektoren, Radar Target Enhancer, werden auf etlichen Yachten eingesetzt. Sie funktionieren nach einem ähnlichen Prinzip wie Racon mit beweglicher Frequenzanpassung. Der aktive Radarreflektor sendet einen einfachen Impuls. Auf dem Bildgerät sieht der Radarkontakt aus wie bei einem normalen Reflektor, aber stärker.

Falsche Echos
Wer am Radar navigiert, ist verständlicherweise besorgt, dass es Objekte geben könnte, die auf dem Schirm nicht zu sehen sind, weil sie hinter dem Horizont liegen, verdeckt sind oder zu schlecht reflektieren.
Es gibt aber auch Fälle, in denen Radarkontakte auf dem Bildschirm auftauchen,

obwohl dort in Wirklichkeit nichts ist, so, wie es unseren Augen gehen kann, wenn wir Luftspiegelungen sehen. Glücklicherweise sind diese Fälle recht selten und kurzlebig.

Indirekte Echos
Indirekte Echos entstehen, wenn Radarimpulse einen guten Reflektor treffen, der das Echo in eine falsche Richtung ablenkt. Wenn der Impuls ein weiteres Objekt trifft und auf umgekehrtem Weg zurückgeworfen wird, entsteht auf dem Bildschirm der Kontakt eines wirklichen Objektes, aber in der falschen Richtung. Indirekte Echos, die durch Objekte an Bord des eigenen Schiffes verursacht werden, liegen häufig (aber nicht immer) in Richtung toter oder abgeschatteter Sektoren. Indirekte Echos, die durch fremde Objekte erzeugt werden (z. B. große Fahrzeuge in der Nähe), tauchen an Stellen auf, an denen die wirklichen Objekte nicht sein können.

Ein seltenes, wenn auch potenziell gefährliches Phänomen kann auftreten, wenn Sie sich einer Stahlbrücke nähern. Falls die Brücke selbst ein guter Radarreflektor ist, sehen Sie möglicherweise Ihr eigenes Echo auf dem Radarschirm, offensichtlich auf dieselbe Stelle der Brücke zuhaltend wie Sie, nur von entgegengesetzter Seite. Mehrfachechos bilden einen weiteren speziellen Fall, wenn zwei Stahlfahrzeuge nahe nebeneinander laufen, sodass die Radarimpulse mehrfach zwischen beiden Fahrzeugen hin- und herreflektiert werden. Dieser Fall, der bei kleinen Fahrzeugen selten auftritt, erzeugt den Eindruck, als laufe eine Flotte weiterer Fahrzeuge als Begleitung in regelmäßigem Abstand nebeneinander in dieselbe Richtung. Wenn Sie sich nicht gerade inmitten einer Militärparade befinden, ist dieser Fall so selten, dass Sie sich kaum beirren lassen werden.

Noch zwei weitere eigenartige Störungen können gelegentlich auftreten. Überwasser-Stromkabel sind normalerweise zu dünn, um ein eigenes, erkennbares Echo zu erzeugen, das Magnetfeld, das sie umgibt, ist aber durchaus dazu in der Lage. Leider taucht das Echo des Magnetfeldes nur auf, wenn die Radarwellen darauf im rechten Winkel auftreffen. Sie werden deshalb nicht eine Abbildung des ganzen Stromkabels auf einmal erhalten.

Auf dem Bildschirm sieht die Annäherung an ein Überwasser-Stromkabel so aus, als quere eine kleine Fähre Ihren Weg unter dem Stromkabel, ausgerechnet dann, wenn Sie sich den Kabeln nähern. Was immer Sie tun, die Geisterfähre wird Kurs und Geschwindigkeit immer so einrichten, dass Sie mit ihr zusammenstoßen.

Seitenzipfelechos
Seiten- oder Nebenzipfelechos sind eine recht häufige Erscheinung. Sie werden durch Seitenzipfel, kleine Nachbarn (Nebenkeulen) der Haupt-Radarkeule verursacht. Sie sind deutlich schwächer als die Hauptkeule, aber an guten Reflektoren auf kurzer Entfernung ist jede der Nebenkeulen in der Lage, ein eigenes Echo zu verursachen. Die Kontakte der Echos werden im gleichen Abstand wie das Hauptecho angezeigt, aber in einem etwas anderen Winkel, sie bilden ein gekrümmtes Band oder eine verschmierte »Mondsichel« ab.

Echos auf der zweiten Ablenkspur – Second Trace Echo
Eine Art Fehlechos kann auftauchen, wenn Echos aus großen Entfernungen, die außerhalb des eingestellten Messbereiches liegen, bei bestimmten atmosphäri-

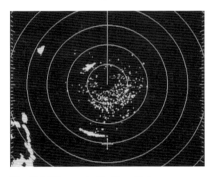

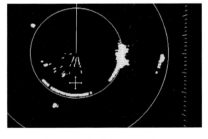

Ein Schiff quert die Kurslinie achteraus (unter dem Zentrum), die volle Schiffsseite ruft ein starkes Echo durch die Seitenzipfel des Radars hervor.

Ein weiteres Beispiel mit Seitenzipfelechos: Diesmal ist das andere Schiff (rechts vom Zentrum) so nah, dass ein Teil des Echos einmal am eigenen Rumpf reflektiert wird und den Weg ein zweites Mal durchläuft. Dadurch entsteht ein zusätzliches, schwächeres Echo in doppelter Entfernung (Mehrfachecho).

schen Bedingungen empfangen werden. Das passiert, wenn die Antenne nach einer Impulsaussendung auf Empfang schaltet und dann Echos der vorangegangenen Impulsaussendung (Sende-/Empfangsintervall) empfängt. Der Abstand auf dem Bildschirm ist dann sehr viel kürzer, als es zum wirklichen Objekt passen würde. Für diese Art von Echos gibt es auch der englischen Begriff Second Trace Echo. Die Hersteller versuchen, das Risiko für solche Fehlechos zu minimieren, indem sie lange Impulswiederholungsraten vorsehen.
Nehmen wir z. B. ein Radar mit einer Impulswiederholungsfrequenz von 750 Hz, das entspricht einem Intervall von 1333 Mikrosekunden. Das Radar sendet einen Impuls aus, der von einem weit entfernten Objekt in 120 sm Entfernung reflektiert wird. Dann kehrt das Echo 1483 Mikrosekunden nach der Aussendung zur Antenne zurück. Während das Echo noch unterwegs ist, sendet die Antenne bereits den nächsten Impuls aus (1333 Mikrosekunden nach dem vorhergehenden). Das Radar empfängt das Echo der vorherigen Impulssendung und ordnet es dem aktuellen Sende-/Empfangszyklus zu. Es entsteht ein Echokontakt für eine Entfernung von 12 sm statt der tatsächlichen 120 sm.
Bei den großen Entfernungen, aus denen diese Second Trace Echos stammen, ist es klar, dass für ein Yachtradar solche Echos zu den seltensten Überraschungen der Fehlechos gehören dürften.

Wetterbedingungen

Ein wesentlicher Grund für die Anschaffung eines Radars dürfte dessen Fähigkeit, durch Nacht und Nebel »sehen« zu können, sein. Trotzdem ist es wichtig zu wissen, dass das Wetter immer noch einen Einfluss auf das Radar haben kann. Regen aus großen Tropfen, von einer Cumulonimbuswolke hinter einer Kaltfront stammend, kann die Radarstrahlung so weit absorbieren, dass kein Radarziel innerhalb oder jenseits des Niederschlagsgebiets auszumachen ist. Hagel, Schnee und leichter Regen haben eine viel schwächere Wirkung, und Nieselregen und Nebel stören fast gar nicht.
Manche atmosphärischen Bedingungen können das Verhalten der Radarwolken beeinflussen, sie entweder hinter den Horizont oder nach oben lenken, sodass der Radarhorizont verkürzt wird.

Sub-Refraktion entsteht, wenn die atmosphärischen Bedingungen die Radarwellen von der Erdoberfläche weglenken.

Super-Refraktion entsteht, wenn die atmosphärischen Bedingungen dafür sorgen, dass die Radarwellen der Erdkrümmung folgen.

Sub-Refraktion

Die Sub-Refraktion verringert die Bewegung der Radarwolken hinter dem Horizont, das heißt, der Radarhorizont wird verkürzt, und entfernte Radarziele werden erst bei weiterer Annäherung angezeigt. Sub-Refraktion entsteht, wenn kalte Luft über deutlich wärmerem Wasser liegt oder wenn die meeresnahe Luftschicht trockener ist als die Luft wenige Meter über der Wasseroberfläche.
Das kann im Warmluftsektor eines Tiefdruckgebietes der Fall sein.

Super-Refraktion

Das Gegenteil zur Sub-Refraktion ist die Super-Refraktion. Sie erweitert den Radarhorizont und entsteht, wenn warme Luft über kaltem Wasser liegt, vor allem wenn die tiefer liegende Luftschicht feuchter ist als die darüberliegende, und bei hohem Luftdruck. Leichte Super-Refraktionsbedingungen sind eigentlich etwas ganz Gewöhnliches auf dem Wasser. Sie sind die Ursache dafür, dass der Radarhorizont etwas weiter entfernt liegt als der optische Horizont (siehe Seite 152). Im Frühsommer tritt die Super-Refraktion besonders häufig auf. In der Nordsee, dem Ärmelkanal und im Mittelmeer sind an einem von fünf Tagen Bedingungen für Super-Refraktion zu finden.
Leider ist das nicht nur von Vorteil, wenn kleine Radargeräte größere Reichweiten erreichen, denn bei diesen Bedingungen gibt es auch einen Anstieg von Fehlechos. Eine besonders ausgeprägte Form der Super-Refraktion ist das Ducting oder Höhenduct. Die Radarwellen werden dann, als liefen sie durch einen Hohlleiter,

Wetterbedingungen

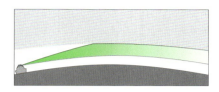

Ducting kommt vor, wenn die Luftschichten einen Leiter bilden, der die Radarwellen dicht über der Oberfläche gefangen hält.

besonders weit geführt. Hierbei sind auch die Bedingungen für die Echos auf der zweiten Ablenkspur oder Second Trace Echos besonders gut. In den britischen Gewässern sind Ducting-Bedingungen selten, im Mittelmeer kommen sie aber gelegentlich vor.

Radar zur Kollisionsverhütung

Yachteigner investieren häufig in ein Radar, weil es hilft, Zusammenstöße zu vermeiden. Die Bedeutung des Radars ist tatsächlich so groß, dass es als einziges elektronisches Navigationsgerät in den Kollisionsverhütungsregeln ausdrücklich genannt wird.

Radar und die Kollisionsverhütungsregeln (KVR)
Regel 5 – Ausguck
Jedes Fahrzeug muss jederzeit durch Sehen und Hören sowie durch jedes andere verfügbare Mittel, das den gegebenen Umständen und Bedingungen entspricht, gehörigen Ausguck halten, der einen vollständigen Überblick über die Lage und die Möglichkeit der Gefahr eines Zusammenstoßes gibt.

> Dies ist eine ganz grundlegende Regel. Trotzdem ist die häufigste Ursache für Kollisionen, dass der Wachhabende das andere Fahrzeug nicht bemerkt, bis es zu spät ist. Die Regel erwähnt nicht ausdrücklich das Radargerät, aber es ist offensichtlich, dass auch das Radar gemeint ist, wenn es heißt: »…jedes andere verfügbare Mittel«.
> Sie könnten daraus den Schluss ziehen, dass Sie ein Radargerät benutzen müssen, sobald Sie eines an Bord haben. Das ist aber nicht zwingend damit gesagt, denn wenn niemand an Bord ist, der ein Radargerät bedienen kann, oder wenn Sie zu wenig Batteriestrom haben, könnten Sie sagen, dass Ihr Radar nicht »verfügbar« ist. Bei Tageslicht, klarer Sicht und gewöhnlichen Bedingungen könnten Sie auch sagen, es entspreche nicht den gegebenen Umständen.

Regel 7 – Möglichkeit der Gefahr eines Zusammenstoßes
a) Jedes Fahrzeug muss mit allen Mitteln entsprechend den gegebenen Umständen und Bedingungen feststellen, ob die Möglichkeit der Gefahr eines Zusammenstoßes besteht. Im Zweifelsfall ist diese Möglichkeit anzunehmen.
b) Um eine frühzeitige Warnung vor der Möglichkeit der Gefahr eines Zusammenstoßes zu erhalten, muss eine vorhandene und betriebsfähige Radaranlage gehörig gebraucht werden, und zwar einschließlich der Anwendung der großen Entfernungsbereiche, des Plottens oder eines gleichwertig systematischen Verfahrens zur Überwachung georteter Objekte.

Radar und die Kollisionsverhütungsregeln (KVR)

c) Folgerungen aus unzulänglichen Informationen, insbesondere aus unzulänglichen Radarinformationen, müssen unterbleiben.
d) Bei der Feststellung, ob die Möglichkeit der Gefahr eines Zusammenstoßes besteht, muss unter anderem Folgendes berücksichtigt werden:
  i) Eine solche Möglichkeit ist anzunehmen, wenn die Kompasspeilung eines sich nähernden Fahrzeugs sich nicht merklich ändert;
  ii) eine solche Möglichkeit kann manchmal auch bestehen, wenn die Peilung sich merklich ändert, insbesondere bei der Annäherung an ein sehr großes Fahrzeug, an einen Schleppzug oder an ein Fahrzeug nahebei.

Diese Regel beginnt wie eine Wiederholung der Regel 5, aber sie weist ausdrücklich darauf hin, dass eine »Radaranlage gehörig gebraucht werden« muss. Das ist mehr, als nur einschalten und feststellen, dass da wohl noch ein Schiff unterwegs ist.
Der Begriff »große Entfernungsbereiche« hat für verschiedene Radaranwender unterschiedliche Bedeutung. Der Sinn ist aber immer, früh über andere Fahrzeuge informiert zu sein, um rechtzeitig die richtige Entscheidung treffen zu können. Für kleine Fahrzeuge wird das in den meisten Fällen bedeuten, den Messbereich zwischen 8 und 16 Seemeilen einzustellen. Es hilft kaum, einen noch größeren Bereich zu wählen, denn der Radarhorizont einer Yacht lässt kaum zu, Schiffe auf mehr als 10 bis 15 sm Entfernung zu erkennen.
Radar-»Plotten« bedeutet, das Verhalten anderer Schiffe auf dem Bildgerät zu verfolgen, um deren Kurs und Geschwindigkeit und eine mögliche Kollisionsgefahr zu ermitteln. Die Bedeutung des Radarplottens kann man kaum übertreiben, aber trotzdem hören wir immer wieder von »Kollisionen mit Radarunterstützung«, bei denen zwei professionelle Nautiker ihre Schiffe mit einer Kollision in die Schlagzeilen der Presse bringen. Allzu oft wird in der Unfalluntersuchung festgestellt, dass mindestens einer der Nautiker sich auf die Eingebung verlassen hat, statt die Lage wirklich zu plotten.

Regel 19d)
d) Ein Fahrzeug, das ein anderes Fahrzeug lediglich mit Radar ortet, muss ermitteln, ob sich eine Nahbereichslage entwickelt und/oder die Möglichkeit der Gefahr

Radar zur Kollisionsverhütung

eines Zusammenstoßes besteht. Ist dies der Fall, so muss es frühzeitig Gegenmaßnahmen treffen; ändert es deshalb seinen Kurs, so muss es nach Möglichkeit Folgendes vermeiden:
i) eine Kursänderung nach Backbord gegenüber einem Fahrzeug vorlicher als querab, außer beim Überholen;
ii) eine Kursänderung auf ein Fahrzeug zu, das querab oder achterlicher als querab ist.

Plotten: Papier oder Bildschirm?

Zum Radarplotten gehört etwas einfache Geometrie. Es ist nicht schwieriger als konventionelle Kartenarbeit und hat viel Ähnlichkeit mit dem Feststellen eines Koppelortes oder eines Kompasskurses.

Es gibt zwei Zeichenmethoden für das Plotten. Der eine Weg ist das Übertragen der Radarkontakte vom Bildschirm auf eine Plott- oder Koppelspinne, ein Blatt Papier, das den Radarschirm wiedergibt. Das kann etwas umständlich sein und verlangt einen ausreichenden Vorrat an vorbereitetem Papier. Dafür ist die Methode genau und liefert gleich eine Dokumentation des Plottens.

Die Alternative ist, mit einem Whiteboard-Marker oder Fettstift direkt auf das Glas des Bildschirms zu malen. Das geht einfach und schnell und kommt ohne Papier aus. Wenn Ihr Bildschirm eine Antireflexscheibe hat, besteht die Gefahr, dass Sie die Beschichtung beschädigen, aber der Hauptnachteil ist, dass Sie auf der Glasoberfläche zeichnen, während das Radarbild tiefer im Gerät liegt. Der Unterschied mag nur wenige Millimeter betragen, aber Sie erhalten einen Parallaxenfehler, der Ihr Plotten ungenauer macht. Es ist deshalb wichtig, besonders auf einem kleinen Bildschirm, immer im selben Winkel auch den Schirm zu sehen, wenn Sie eine Markierung einzeichnen.

Die Regel 19 gilt für Fahrzeuge, die einander nicht in Sicht haben und in einem Gebiet oder in der Nähe eines Gebietes verminderter Sicht fahren. Sie fordert dazu auf, mit sicherer Geschwindigkeit zu fahren, was unter Umständen auch stoppen bedeuten kann.

Die Regel 19d verpflichtet aber Fahrzeuge, die mit Radar fahren, gefährliche Nahbereichslagen zu vermeiden.

Passierabstand

Wieder zeigt dies die Wichtigkeit des Radarplottens, denn wenn Sie nicht wissen, ob Sie ein anderes Fahrzeug voraus überholen oder ob Sie ihm entgegenlaufen, können Sie die Regeln nicht richtig befolgen.

Die Gefahr beurteilen

Auf Seite 143 wurde darauf hingewiesen, dass bei Relativdarstellungen das eigene Fahrzeug immer im Zentrum des Bildes ist. Das ist einer der großen Vorteile der Relativdarstellung, denn das bedeutet: Sobald ein Radarkontakt sich Richtung Bildzentrum bewegt und keiner Kurs oder Geschwindigkeit ändert, wird es einen Zusammenstoß geben. Sie können die Situation schnell überprüfen, indem Sie eine EBL auf den Kontakt eines anderen Fahrzeugs richten, sobald es auf dem Schirm auftaucht. Wenn die EBL nach einigen Minuten immer noch durch denselben Radarkontakt läuft und der Abstand kürzer geworden ist, besteht Gefahr.

Bei einer stabilisierten Darstellung (North-up oder Course-up) entspricht die EBL einer Kompasspeilung, Sie können dann einen potenziellen Kollisionsgegner entlang der EBL auf sich zulaufen sehen.

Die Head-up-Darstellung verhält sich etwas anders. Hier kann die Peilung leicht auswandern, wenn Sie Ihren Kurs etwas ändern. Aus diesem Grund gibt Regel 7d) i) den Kompasskurs als Anhaltspunkt an, nicht die Seitenpeilung. Trotzdem hilft der EBL-Test in der Head-up-Darstellung, denn solange Sie den Kurs einigermaßen konstant halten, haben Sie eine schnelle Kontrolle.

Closest point of Approach (CPA) – (kürzester) Passierabstand

Beim Verfolgen einer stehenden Peilung eines sich nähernden fremden Fahrzeugs steht fest: Wenn niemand etwas ändert, treffen sich beide irgendwann.

Stellen Sie sich vor, dass der Radarkontakt nicht genau auf das Zentrum zuläuft, sondern entlang einer Linie, die eine halbe Seemeile am Zentrum vorbeiführt. Hier gilt auch: Wenn keiner etwas ändert, wird das andere Fahrzeug sich nähern und in einer halben Seemeile Abstand am eigenen Schiff vorbeifahren und seinen Kurs fortsetzen.

Wenn Ihr Radargerät eine verstellbare EBL hat (siehe Seite 150) können Sie gut folgendermaßen vorgehen: Setzen Sie den Ausgangspunkt für die EBL auf den Radarkontakt und warten Sie einige Minuten. Dann stellen Sie die EBL so ein, dass sie durch den Kontakt läuft, ohne dabei den Ausgangspunkt zu verstellen. Sie erhalten dadurch die Bewegungsrichtung des Radarkontaktes über den Bildschirm. Eine alternative Methode, vor allem wenn Sie über keine verstellbare EBL verfügen, ist folgende: Sie markieren den Kontakt, wenn Sie ihn das erste Mal sehen, nach sechs Minuten ein zweites Mal und nach weiteren sechs Minuten ein drittes Mal. Dann zeichnen Sie eine Linie durch alle drei Markierungen, um den Weg des Kontaktes auf dem Bildschirm zu beschreiben, und verlängern diese Linie. Sie zeigt den weiteren zu erwartenden Verlauf.

Der CPA, der Closest Point of Approach, ist der Passierabstand im Zeitpunkt der kürzesten Entfernung des Radarziels zum Zentrum. Man könnte leicht annehmen, der CPA wäre erreicht, wenn der Radarkontakt direkt vor dem Bug oder achteraus ist. Das ist aber nicht zwingend der Fall, auch wenn die Information, dass ein anderes Schiff z. B. zwei Seemeilen vor dem Bug passieren wird, nützlich ist.

Ein Radarkontakt, dessen Peilung unveränderlich ist, wird irgendwann im Zentrum landen – und dort sind wir.

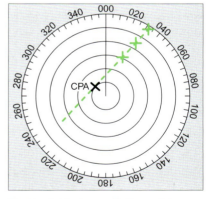

Ein Kontakt, dessen Peilung sich ändert, wird uns wahrscheinlich nicht treffen. Durch Verlängern der ermittelten Bewegungsrichtung lässt sich der kürzeste Abstand (Passierabstand), Closest Point of Approach, feststellen.

Das regelmäßige Plotten der Radarkontakte auf dem Bildschirm vermittelt die wichtige Information, wie schnell die Kontakte sich über den Bildschirm bewegen. Davon ausgehend, ist es nicht mehr weit festzustellen, ob ein Fahrzeug voraus oder achteraus passieren wird und wann der CPA erreicht sein wird. Dieser Zeitpunkt wird mit TCPA bezeichnet (Time to CPA).

Was ist ein akzeptabler CPA?
Sobald Sie den CPA kennen, ergibt sich die Frage, ob dieser akzeptabel ist oder ob ein gefährlicher Nahbereich entsteht.
Für die Kapitäne zweier großer Container-Schiffe könnte auf dem Ozean ein CPA von zwei Seemeilen als gefährlicher Nahbereich gelten. Für die Skipper zweier Rennyachten, die im dichten Gedränge vor der Startinie um die beste Position kämpfen, könnten zwei bis drei Meter schon reichlich sein.
Die meisten Fälle werden zwischen diesen beiden Extremen liegen, abhängig von Größe und Geschwindigkeit, Manövrierfähigkeit der betreffenden Schiffe und davon, ob es sich um Begegnen, Überholen oder Queren der Kurse handelt, und schließlich von Wetter, Sichtbedingungen und Tageszeit. Es gibt also keine festen Regeln. Auch wenn das Radar die notwendigen Informationen liefert, die Entscheidung muss vom Wach- oder Schiffsführer getroffen werden.

Wenn der Kontakt auf dem Radarschirm voraussichtlich die Vorauslinie, die Heading Mark, queren wird, passiert das Schiff vor Ihrem Bug und Sie werden hinter dessen Heck passieren. Das ist im Allgemeinen sicherer als der andere Fall, wenn der Radarkontakt hinter dem Heck passiert und Sie den Weg des anderen vor dessen Bug queren.

Kurs und Geschwindigkeit bestimmen
Bis jetzt basierten unsere Beurteilungen der Kollisionsgefahr und des CPA nur auf Bewegungen auf dem Bildgerät. Wir wollten wissen, ob ein Radarkontakt auf dem Bildschirm sich unserem Zentrum nähert oder ob er eine halbe, eine oder zwei Meilen am Zentrum vorbeiführen wird.
Oft ist es aber sehr nützlich, mehr über das andere Fahrzeug zu wissen als den Hinweis auf eine Kollisionsgefahr.

Radar zur Kollisionsverhütung

Den Kurs und die Geschwindigkeit eines anderen Fahrzeugs zu kennen hilft, den Nahbereich zu vermeiden und das weitere Vorgehen zu planen.

Das Prinzip der Relativbewegung
Wenn wir uns auf stromfreiem Gewässer befinden, ohne uns zu bewegen, wäre die Orientierung leicht. Ortsfeste Objekte gäben stationäre Kontakte, und bewegliche Objekte gäben bewegliche Kontakte, die über den Radarbildschirm genauso liefen wie in Wirklichkeit. Sobald wir uns auch bewegen, wird es komplizierter.

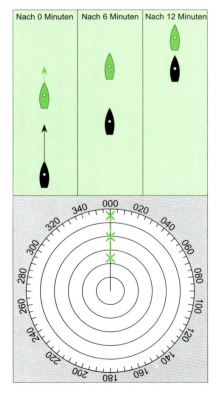

Die Bewegungen eines Kontaktes am Bildgerät sind selten die gleichen wie die Bewegungen der zugehörigen Objekte durchs Wasser. Hier ist der Kontakt, der uns auf dem Bildschirm »begegnet«, in Wirklichkeit ein langsameres Fahrzeug, das wir überholen.

Kurs und Geschwindigkeit bestimmen

Stellen Sie sich vor, ein Boot fährt direkt vor uns, mit gleichem Kurs, aber deutlich langsamer. Mit der Zeit holen wir auf, der Abstand zum Kontakt verringerte sich. In der Head-up-Darstellung sähe es so aus, als gleite der Kontakt entlang der Heading-Mark-Linie auf uns im Zentrum zu, nicht aber, als laufe der andere von uns weg.

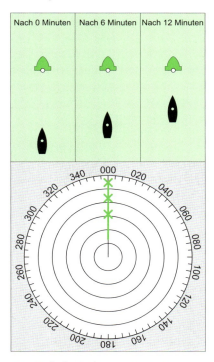

Der Radarkontakt repräsentiert ein stationäres Objekt, direkt voraus. Es bewegt sich entlang der Heading Mark mit der gleichen Geschwindigkeit wie wir.

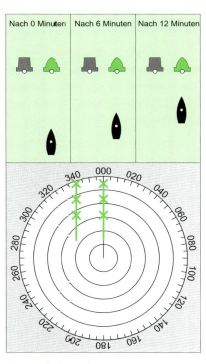

Der Radarkontakt repräsentiert ein weiteres stationäres Objekt neben dem ersten. Es bewegt sich parallel zur Heading Mark, ebenfalls mit der gleichen Geschwindigkeit wie wir.

Jetzt nehmen wir an, es handelt sich um ein stationäres Objekt, z. B. eine Tonne. Wenn wir direkt auf die Tonne zuliefen, würde sich der Kontakt ebenfalls entlang der Heading Mark auf uns zubewegen. Falls wir sechs Knoten liefen, wäre nach sechs Minuten der Abstand um 0,6[10] Seemeilen verringert.
Die Geschwindigkeit, mit der der Kontakt über den Bildschirm läuft, entspricht unserer eigenen Geschwindigkeit.
Nun stellen Sie sich vor, dass die Tonne, auf die Sie zuhalten, zu einem Tonnenpaar eines eine Seemeile breiten Fahrwassers gehört. Während Sie auf die eine Tonne zulaufen, wird der Kontakt der anderen Tonne etwas versetzt zu sehen sein. Während Sie sich der einen Tonne nähern, bewegt sich der Kontakt der anderen Tonne in Richtung eines CPA, der in einer Seemeile Entfernung querab von ihnen liegt. Durch das Beobachten dieser zweiten Tonne lassen sich einfache Regeln für das Verhalten der Kontakte stationärer Radarziele aufstellen:
- Sie bewegen sich parallel zur Heading Mark (Vorauslinie)
- Sie bewegen sich in die der Heading Mark entgegengesetzte Richtung.
- Sie bewegen sich mit derselben Geschwindigkeit wie unsere Yacht.

Genau genommen berücksichtigen diese Regeln nicht die Tatsache, dass sich unser Fahrzeug bei quer setzendem Strom nicht in Richtung der Heading Mark bewegt. Für die Kollisionsverhütungsregeln spielt das aber keine Rolle, wir können diese Regeln wie ein Papagei auswendig lernen.
Jetzt wollen wir wieder die Kollisionsgefahr betrachten (Seite 176 oben).

Das Plotten im Head-up-Modus
- Wir laufen 25 kn und beobachten einen Kontakt, 5 sm entfernt, mit einer Radarseitenpeilung von 330°.
- Nach sechs Minuten hat sich der Abstand auf 3,8 sm verringert, die Peilung hat sich nur um 1° geändert.

---

[10] Es ist üblich, beim Radarplotten und beim Navigieren mit hohen Geschwindigkeiten Zeitintervalle von sechs Minuten und deren Vielfache zu wählen (6, 12, 18, 24 Seemeilen). Nach sechs Minuten ist eine Zehntelstunde vergangen, und es erleichtert die Rechnung, wenn man als Folge dieser Intervalle die entsprechenden Strecken mit Dezimalstellen angeben kann. Ein Zehntel von 15,2 Knoten sind 1,52 Knoten und zehnmal 0,80 Seemeilen sind 8,0 Seemeilen.

Kurs und Geschwindigkeit bestimmen

- Nach zwölf Minuten beträgt der Abstand 2,6 sm, und die Peilung ist wieder um 1° verändert.

Zeichnen wir jetzt eine gerade Linie durch die drei Markierungen, können wir erkennen, dass der Kontakt sehr nahe an das Zentrum kommen wird und das Schiff schließlich dicht hinter uns passieren müsste. Das sagt uns noch nichts über dessen Kurs und Geschwindigkeit.

Nehmen wir außerdem an, das Schiff hätte eine große Tonne in dem Augenblick abgesetzt, als wir den Kontakt zum ersten Mal auf dem Bildschirm sahen. Für einen Augenblick hätten Schiff und Tonne dieselbe Position und wären auf dem Radarschirm nicht unterscheidbar. Während das Schiff weiterläuft, bliebe die Tonne zurück als stationäres Objekt. Der Kontakt müsste sich also parallel zur Heading Mark bewegen, nur in entgegengesetzter Richtung und mit einer Geschwindigkeit von 25 Knoten.

Nach sechs Minuten, wie die Abb. auf Seite 176 oben rechts zeigt, käme die Tonne in einer Entfernung von 3,0 Seemeilen und einer Peilung von 308° auf den Bildschirm. Nach zwölf Minuten hätten wir die Tonne passiert, und sie wäre schon 2,5 Seemeilen entfernt in Seitenpeilung 254°.

So würde es sich auf dem Bildschirm darstellen. In Wirklichkeit allerdings steht die Tonne still, und jede Änderung der Lage von der Tonne zum Schiff ist allein auf das Schiff zurückzuführen.

Nach zwölf Minuten können wir sehen, dass Tonne und Schiff drei Seemeilen auseinander liegen. Eine kurze Überlegung führt zur Feststellung, dass drei Seemeilen in zwölf Minuten 1,5 Seemeilen in sechs Minuten bedeuten. Das Schiff läuft also mit 15 Knoten.

Außerdem können wir sehen, dass die Bildschirmwege zwischen Schiff und Tonne um 20° auseinanderlaufen. Sicher wird kein Schiff ausgerechnet dann eine gut reflektierende Tonne aussetzen, wenn wir es gerade wollen, aber die Regeln für stationäre Radarobjekte erlauben es uns, auf die wirkliche Tonne zu verzichten und stattdessen eine imaginäre Tonne einzuzeichnen.

Wozu das alles?

Hätten wir diese Situation ohne Radar erlebt, wäre uns das andere Fahrzeug als dunkler Fleck in der Ferne vorgekommen. Nach einer Weile hätten wir bemerkt,

Radar zur Kollisionsverhütung

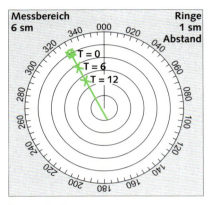

Dieser Radarkontakt bildet eine Gefahr. Um zu entscheiden, was zu tun ist, brauchen wir Informationen über Kurs und Geschwindigkeit.

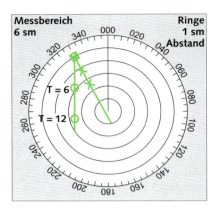

Kurs und Geschwindigkeit eines beweglichen Objektes können wir feststellen, indem wir das bewegliche Objekt mit einem (imaginären) stationären Objekt vergleichen.

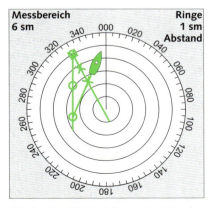

Die fertige Plottzeichnung im Head-up-Modus.

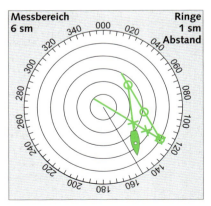

Dieselbe Situation im North-up-Modus.

dass es näher kommt und die Peilung unverändert bleibt, folglich Kollisionsgefahr besteht. Mit dem Radar wissen wir mehr. Es verrät uns, dass die Peilung nahezu konstant ist, dass das andere Schiff höchstwahrscheinlich hinter unserem Heck passieren wird bzw. dass wir vor dessen Bug queren.
Mithilfe des Radarplottens wissen wir noch mehr. Nämlich, dass das andere Schiff sich uns auf einem Kurs nähert, der 20° von unserer Kurslinie abweicht, und dass seine Geschwindigkeit 15 Knoten beträgt.
Um die Bedeutung des Plottens zu verstehen, stellen wir uns eine Zeichnung vom Schiff auf dem Plottpapier vor, an der richtigen Stelle mit dem ermittelten Kurs.
Gingen wir von einer nächtlichen Situation aus, befänden wir uns im Hecklichtsektor des anderen und näherten uns damit als Überholer. Als Überholer sind wir aber laut KVR ausweichpflichtig.
Es sind solche Situationen, die das Plotten so wichtig machen. Ohne Plotten könnten wir leicht vermuten, dass die Situation durch kreuzende Kurse bestimmt wäre, dann wären wir Kurshalter. Das Plotten verrät erst, dass es sich um einen Überholvorgang handelt, bei dem wir ausweichpflichtig sind.

Kollisionsverhütung im North-up-Modus
Das Verfahren der Kollisionsverhütung im North-up-Modus ist das gleiche wie im Head-up- oder Course-up-Modus, aber die Zeichnung sieht anders aus. Der entscheidende Unterschied, der zu bedenken ist, liegt in der Tatsache, dass stationäre Objekte sich nicht auf dem Schirm nach unten bewegen. Die Abb. rechts (S. 176) zeigt dasselbe Beispiel wie die Abb. links, aber im North-up-Modus und mit einem Kurs von 150°.

Radarplotting für Fortgeschrittene
Für die meisten Eigner von Freizeitbooten und eine große Zahl professioneller Seefahrer, die Radarziele mit CPA und TCPA erfassen, reichen Ermittlung von Kurs und Geschwindigkeit und das Verfahren mit den »imaginären Tonnen« bestens aus. Andere wollen möglicherweise noch mehr Informationen, um festzustellen, was geschieht, wenn der eigene Kurs sich ändert, oder um einen Kurs zu bestimmen, um andere Fahrzeuge abzufangen.

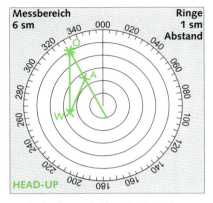 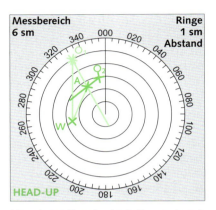

Viele finden es hilfreich, die Ecken des Radarplotts zu bezeichnen, unter Verwendung der Standardkürzel O, W und A.

Von demselben Basisplott ausgehend, ist es möglich zu erkennen, was geschieht, wenn Kurs und Geschwindigkeit sich ändern (siehe Text).

Für solche aufwendigeren Plottaufgaben ist es manchmal notwendig, die Seiten und Ecken des Radardreiecks zu bezeichnen.
In der klassischen Radarterminologie wird die erste Position eines Kontaktes mit O bezeichnet, die letzte aktuelle Position mit A. Sie können sich das merken, wenn

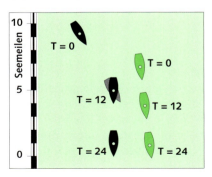

Die Situation der letzten Abbildung aus der Vogelperspektive.

Sie sich die Linie OA als die Bewegung von der Observierten zur Aktuellen Position vorstellen. Die Linie, die die aktuelle Bewegung der imaginären Tonne wiedergibt, basiert auf der Richtung und Geschwindigkeit des eigenen Fahrzeugs. Ein Endpunkt dieser Linie ist bereits mit O bezeichnet, der andere wird mit W bezeichnet. WO ist der Weg des eigenen Fahrzeugs (Way of Own vessel). Die dritte Linie WA repräsentiert den Weg des anderen Fahrzeugs – das Radarziel.

Die Wirkung einer Kursänderung

Sind Kurs und Geschwindigkeit eines anderen Fahrzeugs bekannt (WA), können wir auch feststellen, wie Bewegungsänderungen des eigenen Fahrzeugs auf dem Bildschirm aussehen. Wir behalten den gerade erst ermittelten WA und zeichnen eine neue Linie WO, die mit unserem geplanten Kurs und Geschwindigkeit übereinstimmt.

In der rechten Abb. auf S. 178 steht WO_1 für unseren gegenwärtigen Kurs und Geschwindigkeit, WO_2 steht für unsere Bewegung, nachdem wir die Fahrt auf 20 Knoten reduzieren und den Kurs um 30° nach Steuerbord ändern.

WA können wir nicht ändern, denn das wird vom Nautiker an Bord des anderen Schiffes bestimmt. Eine neue WO_2-Linie führt aber auch ein neues AO_2 mit sich, nämlich die geänderte Bewegung des Kontaktes, wenn wir unseren Kurs ändern. Wir können die neue Situation betrachten, wenn wir AO_2 in die richtige Lage auf das Radarplott verschieben, sodass die Linie von der aktuellen Position des Kontaktes ausgeht.

Abfangkurse

Die meisten von uns werden das Radar nutzen, um Kollisionen zu vermeiden, aber vielleicht ist das interessanteste Verfahren des Plottens das absichtliche Treffen eines anderen Fahrzeugs. Polizei, Zoll und Militär nutzen solche Verfahren, um andere Fahrzeuge abzufangen.

Das Verfahren beruht auf einer Anpassung des Dreiecks, sodass OA auf das Zentrum des Bildes gerichtet ist. A können wir nicht bewegen, denn das ist der »andere« Kontakt. Wir können auch nicht Länge und Richtung von WA ändern, denn das läge beim Schiffsführer des anderen Fahrzeugs. Das bedeutet wiede-

Radar zur Kollisionsverhütung

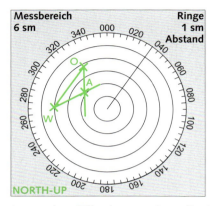 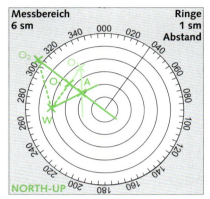

In manchen Fällen kann es sinnvoll sein, absichtlich einen Nahbereich zu konstruieren.

rum, dass W feststeht. Wir können aber unseren Kurs und unsere Geschwindigkeit ändern, dazu haben wir viele Möglichkeiten, z. B.:
- WO_1 zeigt, dass wir zum anderen Fahrzeug kommen, wenn wir unseren gegenwärtigen Kurs halten und unsere Fahrt um 40 % reduzieren.
- WO_2 zeigt, dass wir ebenfalls auf das andere Fahrzeug treffen, wenn wir unsere gegenwärtige Fahrt beibehalten und den Kurs um 50° nach Backbord ändern.

Je länger OA wird, desto schneller wird unsere Annäherung sein.

Warnzonen

Als wesentliche Aufgabe zur Kollisionsverhütung soll das Radar uns zeigen, ob andere in der Nähe sind. Das funktioniert leider nur, wenn jemand zur richtigen Zeit den Bildschirm beobachtet. Auf den meisten Yachten wird niemand zur Verfügung stehen oder bereit sein, 100 % seiner Aufmerksamkeit dem Radar zu schenken. Die meisten Radargeräte bieten deshalb die Möglichkeit, Warnzonen einzustellen, die einen akustischen Alarm auslösen, wenn ein Kontakt den eingestellten Bereich auf dem Bildschirm berührt.

In der Grundstellung könnten Sie eine Alarmzone wählen, die den ganzen Messbereich umfasst. Das wäre aber kaum sinnvoll, weil der Alarm so oft ertönte, dass Sie ihn ignorieren und wieder ausstellen würden. Die häufigsten Fehlalarme werden durch Seegang verursacht, weshalb Sie immer einen minimalen Abstand einstellen können, bis zu dem Kontakte einfach ignoriert werden. Ebenso können Sie den Messbereich z. B. auf 24 Seemeilen stellen und alle Kontakte in über zehn Seemeilen Entfernung ignorieren, also eine Maximalentfernung einstellen. Eine weitere Möglichkeit kann die Wahl eines Warnsektors sein. Wenn Sie eine Küste entlanglaufen, können Sie damit verhindern, dass vom Echo der Küstenlinie laufend Alarme ausgelöst werden. Oder Sie laufen in ein Verkehrstrennungsgebiet und wollen Alarme vorn und achtern ausblenden, da dort Schiffe in gleicher Richtung und ähnlicher Geschwindigkeit mitlaufen.

Der Haken an den Alarmzonen ist, dass außer den zu ignorierenden Fehlalarmen auch wichtige Radarziele unterdrückt werden können. Besonders kleine Fahrzeuge können leicht durch die Alarmzone »hindurchschleichen«, bis sie den eingestellten Minimalbereich unterschritten haben.

Zusammenfassend lässt sich aber sagen, dass eine gut eingestellte Alarmzone besser ist, als überhaupt nicht auf das Radar zu achten. Warnzonen sind aber kein Ersatz für einen Menschen, der regelmäßig den Bildschirm beobachtet.

ARPA und MARPA

Eine wachsende Zahl moderner Radaranlagen haben eine Funktion, die Automatic Radar Plotting Aid = ARPA genannt wird.

Diese automatische Hilfe zum Radarplotten verfolgt die Bewegungen der Radarkontakte und berechnet Kurse und Geschwindigkeiter, CPA und TCPA. Streng genommen setzt die Bezeichnung ARPA voraus, dass bestimmte Leistungskriterien nach IMO-Standard[11] (International Maritime Organisation) erfüllt werden.

---

[11] Die IMO-Bestimmungen unterscheiden zwischen Electronic Plotting Aid (EPA), Automatic Tracking Aid (ATA) und ARPA mit unterschiedlichen Leistungsmerkmalen. Die Vorschriften schreiben auch unterschiedliche Ausrüstungen je nach Größe der Schiffe vor. Beginnend mit EPA für Schiffe unter 500 Tonnen bis bis hin zu ARPA und ATA für Schiffe über 10 000 Tonnen. Kleine Fahrzeuge, Yachten und Schiffe unter 300 Tonnen sind von der Vorschrift ausgenommen.

Mehrere Hersteller bieten aber weniger aufwendige Verfahren an wie EPA (Electronic Plotting Aid) oder MARPA (Mini-ARPA).
Ein wesentlicher Unterschied zwischen ARPA und MARPA ist, dass ARPA alle Ziele auf einem Bildschirm verfolgt und jedes auf mehrere Kriterien hin automatisch überprüft, wie z. B. die Größe oder ob es bei jeder Antennenumdrehung auftaucht. Es ignoriert sehr große Ziele wie Land oder auch vereinzelte Echos wie Seegang, verfolgt aber alle anderen Echos.
Bei MARPA fehlt dagegen eine automatische Erkennung, es ist auf den Bediener angewiesen, der die Kontakte selbst auswählen muss, die ihn interessieren. Zunächst ist ein markierter Kontakt nur durch ein kleines Quadrat gekennzeichnet. Im Hintergrund verfolgt die ARPA/MARPA-Software jedoch weiterhin die Bewegungen des Radarkontaktes bis nach etwa einer Minute genug Informationen ausgewertet sind, um Kurs, Geschwindigkeit, CPA und TCPA des Radarkontaktes zu ermitteln. Zu diesem Zeitpunkt wird das kleine Quadrat um den Kontakt durch einen Kreis ersetzt, von dem ein Vektorpfeil ausgeht, der Kurs und Geschwindigkeit des Kontaktes angibt. Je länger der Vektor, desto höher die Geschwindigkeit. Die gleichen Informationen über CPA und TCPA werden außerdem in einem Datenfenster auf dem Bildschirm angezeigt.
Falls der CPA unterhalb einer gewählten Grenze fällt, wandelt sich die kreisrunde Markierung meist in ein Dreieck, das die Farbe wechselt oder zu blinken anfängt. Die ARPA/MARPA-Software hat das Radarziel damit als gefährlich eingestuft. Wenn das Radar in sechs aufeinanderfolgenden Antennenumdrehungen ein Ziel nicht mehr auffinden kann, wird wieder ein anderes Symbol angezeigt, z. B. ein Rhombus.
ARPA und MARPA sind raffinierte Systeme, die Kurse, Geschwindigkeiten und Kollisionsgefahren erkennen, und zwar in einem Bruchteil der Zeit, die ein Mensch benötigte. Aber sie sind nicht unfehlbar. Vor allem sind die Informationen, die sie bieten, immer nur so gut wie die Daten, die sie von Log, Kompass und Radar erhalten. Sie werden außerdem nur Informationen verraten, die abgefragt wurden: Wenn Sie relative Kurse und Geschwindigkeiten abfragen, erhalten Sie auch nur diese Angaben, aber nicht Kurs oder Fahrt über Grund, die Sie vielleicht erwarten würden.

Lesen Sie die Anleitung!

ARPA und MARPA

Bedenken Sie, dass ARPA und MARPA Schwierigkeiten haben werden, Ziele zu erfassen, die gelegentlich auftauchen und dann wieder verschwinden, oder Ziele, deren Kontakte auf dem Schirm hin- und herspringen. Vorsichtig sollten Sie sein wenn:
- ein Kontakt schwach ist oder nur gelegentlich auftaucht
- ein Kontakt nahe bei anderen Kontakten liegt oder in der Nähe von Land ist
- Sie oder der Kontakt den Kurs und die Geschwindigkeit verändern
- die See rau ist und viele Seegangsechos entstehen, die einen Kontakt überdecken

Radarnavigation

Jeder, der die traditionelle terrestrische Navigation gelernt hat, wird mindestens eine Methode erkennen, mit der ein Radarstandort zu ermitteln ist.

Position aus Radarpeilungen
In der klassischen Standortbestimmung aus drei Standlinien orientieren wir uns an dem Blick über den Peilkompass zum Peilobjekt. Eine einzelne Standlinie bedeutet zunächst, dass wir irgendwo auf dieser Linie stehen müssen.
Nehmen wir eine zweite Standlinie aus einer Peilung zu einem anderen Objekt dazu, gibt es nur noch eine Stelle, an der wir auf beiden Linien gleichzeitig stehen können, nämlich im Schnittpunkt. Wenn alles im Leben eines Navigators perfekt liefe, könnten zwei sich schneidende Standlinien immer für einen Standort reichen. Da es in Wirklichkeit nicht ganz so einfach läuft, ist es besser, eine dritte Peilung zu nehmen. Die dritte Peilung schafft zwar nicht zwingend eine genauere Position, aber sie erhöht die Zuverlässigkeit der gesamten Standortbestimmung. Ein Fehler, wie die falsche Wahl des Peilobjekts oder falsches Ablesen der Peilung, ist dann leichter erkennbar.
Theoretisch könnten wir erwarten, dass alle drei Linien sich in einem Punkt treffen, jede Linie bestätigte die Genauigkeit der beiden anderen. Das kommt aber in der Praxis so selten vor, dass es eher Anlass zu Misstrauen gibt als zur Gratulation. Weitaus häufiger erhalten wir ein Dreieck, das Fehlerdreieck.
Häufig wird behauptet, die Position muss innerhalb des Fehlerdreiecks liegen, aber das stimmt nicht. Statistisch gibt es nur 25 % Wahrscheinlichkeit, innerhalb des Dreiecks zu sein, das heißt, mit 75 % Wahrscheinlichkeit liegt die Position außer-

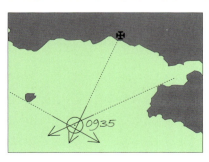

Ein Standort aus drei optischen Peilungen.

halb. Trotzdem können wir mit einem Standort aus einem kleinen Fehlerdreieck zufriedener sein als bei einem Dreieck, das sich über die halbe Seekarte verteilt.
Bei optischen Standortbestimmungen können Sie das Risiko eines großen Fehlerdreiecks reduzieren, indem Sie:
- die Peilobjekte identifizieren
- Objekte wählen, die gute Schnittwinkel der Standlinien bieten
- nahe gelegene Objekte gegenüber entfernteren bevorzugen
- schnell und genau peilen
- die Peilung, die sich am schnellsten ändert, zum Schuss machen

Zuerst müssen Sie sicherstellen, dass Sie die Peilobjekte richtig identifiziert haben. Es ist schließlich wenig sinnvoll, etwas zu peilen, das in der Karte nicht zu finden ist oder etwas in der Karte zu finden, das Sie von Deck aus nicht sehen. Es hilft Ihnen auch wenig, einen Kirchturm zu peilen, wenn Sie dann in der Karte sehen, dass es einer von dreien oder vieren sein kann.

Eine Huk ist eine gut erkennbare Landmarke und leicht zu identifizieren, aber Peilungen sind mit Vorsicht zu verwenden. Senkrechte Steilküsten sind gut verwertbar, Huken mit flachem Anstieg ins Hinterland können aber zu falschen Ergebnissen führen. Die Seekarte zeigt immer eine scharfe Begrenzung zwischen Wasser

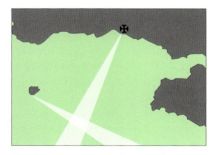

Die Fehlermöglichkeiten bei Peilungen führen zu einem Fehlerrhombus. Er ist grundsätzlich kleiner, wenn sich die Peilungen in einem ausreichend großen Winkel schneiden.

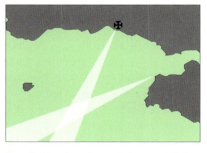

Der Fehlerrhombus wird wesentlich größer, wenn die Peillinien sich im spitzen Winkel schneiden.

und Land, die es in Wirklichkeit nicht gibt, Hoch- und Niedrigwasserlinie können weit auseinanderliegen. Wenn die Huk mehr als ein paar Seemeilen entfernt ist, kann die Uferlinie hinter dem Horizont liegen. Fehlpeilungen können Sie meiden, wenn Sie die Landmarken gut auswählen. Ideal sind Objekte, die über den Horizont verteilt sind, sodass die Linien sich in einem großen Winkel zueinander schneiden. Für einen Standort aus zwei Linien liegt der optimale Schnittwinkel bei 90°, für einen aus drei Linien sind es 60° oder 120°.

Objekte nahe beim Schiff eignen sich besser als weiter entfernte, selbst wenn die entfernteren auffälliger sind. Das wird klar, wenn Sie sich vorstellen, an einem Objekt, z. B. an einer Tonne oder Bake, vorbeizufahren. Wenn Sie die Bake in 100 m Entfernung an Backbord querab lassen, wird sich die Peilung zur Bake auf einer Strecke von 200 m um 90° ändern. Das sind im Durchschnitt etwa 1° Änderung auf 2 m der Strecke. Jetzt stellen Sie sich vor, die Bake in etwa einer halben Seemeile (ca. 1000 m) querabzulassen. Um den gleichen Winkel von 90° zwischen beiden Peilungen zu haben, müssen Sie jetzt eine Strecke von 2000 m zurücklegen, 1° Kursänderung entspricht damit 20 m statt 2 m.

Die Reihenfolge der Peilungen spielt ebenfalls eine Rolle, vor allem auf einem schnell fahrenden Boot. Stellen Sie sich z. B. vor, dass es drei Minuten dauert, eine Standlinie zu bestimmen, und Ihr Boot läuft mit 20 Knoten. Das Boot wird eine Seemeile weiter sein, während Sie gerade die Peilung eintragen. Die Peilungen sollten Sie also so schnell hintereinander wie möglich und in der richtigen Reihenfolge machen. Peilungen von Objekten, die querab liegen, ändern sich schneller als Peilungen nach vorn oder achtern, weshalb für letztere Fälle eine Zeitverzögerung eher verträglich ist. Die allgemeine Regel lautet: Peilungen, die sich am schnellsten ändern, zuletzt nehmen.

Das Verfahren bei Radarpeilungen ist prinzipiell das gleiche wie bei optischen Peilungen, und dieselben fünf Regeln sind zu beachten. Die Anwendung der Regeln ist aber etwas anders. Mit einem Radargerät lässt sich kein Kirchturm von einer Ansammlung flacher Dächer unterscheiden, viele sichtbare Landmarken sind für Radarpeilungen unbrauchbar. Andererseits können Sie mit bloßem Auge kaum einen hervorstehenden Bootssteg oder eine Huk vor dem Hinterland ausmachen, während Sie auf dem Radarschirm diese Dinge wie hervorstehende Finger erkennen können.

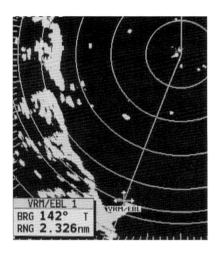

Die meisten neueren Radargeräte haben eine Cursor-Bedienung, die sowohl den Variable Range Marker, VRM, als auch die Electronic Bearing Line, EBL, steuert (VRM/EBL-Knopf).

Seien Sie vor allem bei flach ansteigenden Landzungen vorsichtig. Die Tatsache, dass Radar durch Nacht und Nebel »sehen« kann, verleitet möglicherweise dazu, Huken zu peilen, die nicht von Deck aus sichtbar sind. Sehen Sie sich die Konturen in der Karte genau an, um sicher zu sein, dass Sie nicht etwas peilen, das hinter dem Horizont liegt oder sich mit Ebbe und Flut verändert.

Für optische Peilungen war der Ratschlag, nahe liegende Objekte zu peilen, eine einfache geometrische Angelegenheit. Für einen Standort aus Radarpeilungen gelten noch andere Erwägungen. Sie peilen ein Radarziel besser, wenn es in einem kleinen Messbereich am Rande liegt, als wenn es in einem großen Messbereich nahe beim Zentrum liegt. Suchen Sie Peilobjekte in Ihrer Nähe in dem kleinsten möglichen Messbereich.

Schließlich sollten Sie bedenken, dass Peilen nicht zu den größten Stärken des Radars gehört. Selbst ein Radarbild mit gut eingestellter North-up-Darstellung ist mit mehreren Fehlern behaftet wie die begrenzte horizontale Auflösung durch die Radarkeule, eine vielleicht ungenau eingestellte Vorauslinie (Heading Mark), Kompassfehler, Bedienungsfehler und Fehler beim Ausrechnen der Peilungen. Zu diesen Fehlern kommen in der Head-up-Darstellung noch das Risiko von Steuer-

Radarnavigation

fehlern des Rudergängers und eine zusätzliche Fehlerquelle durch den Rechenschritt der Seitenpeilung (siehe Seite 148).
Wir können das Radar zum Peilen einsetzen, aber das ist nicht die beste Methode.

Standortbestimmung aus Radarabständen

Das Verfahren zur Abstandsbestimmung mit dem Radar ist denen der optischen und radargestützten Peilungen verblüffend ähnlich.

Angenommen, die Abstandsbestimmung zu einer Huk ergibt drei Seemeilen. Wenn es von Ihnen aus drei Seemeilen bis zu der Huk sind, gilt die Entfernung natürlich genauso von der Huk aus gesehen. Wir befinden uns anders ausgedrückt irgendwo auf einem Kreis mit dem Zentrum an der Huk und dem Radius, der unserem Abstand zum Objekt entspricht. Auch der Abstandskreis ist eine Standlinie, nur eben eine gekrümmte.

Wiederholen Sie die Abstandsmessung zu einem anderen Objekt, dann erhalten Sie eine zweite Standlinie. Wie bei den Peilungen ist auch hier der Standort ein Schnittpunkt der beiden Standlinienkreise. Leider schneiden sich zwei Kreise entweder gar nicht oder gleich zweimal. Wenn sie sich nicht berühren, stimmt etwas mit den Abstandsbestimmungen nicht, wenn sie sich zweimal schneiden, erhalten Sie zwei mögliche Positionen. In den meisten Fällen wird leicht erkennbar sein,

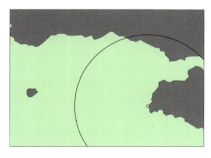

Eine Abstandsmessung ergibt einen Kreis als Standlinie.

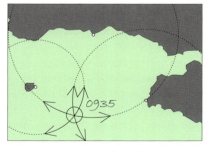

Die schneidenden Abstandskreise bilden einen zuverlässigen Standort, mit kleinen Fehlern und ohne Rechenaufwand.

welcher Standort infrage kommt, in Zweifelsfällen muss eine dritte Standlinie (Kreis) für Klarheit sorgen. In der Praxis ist es immer besser, selbst einen eindeutigen Schnittpunkt aus zwei Abständen durch eine dritte Linie zu ergänzen. Zur Minimierung von Fehlerquellen gelten dieselben Regeln wie für das Peilen. Objekte in der Nähe sind entfernteren vorzuziehen, nur aus einem anderen Grund als beim Peilen. Zum einen ist es einfacher, den VRM in kleinen Messbereichen einzustellen, zum anderen werden in großen Messbereichen längere Impulse ausgesendet, was die radiale Auflösung verschlechtert

Ein weiterer Unterschied zum Peilen besteht in der Frage, welcher Kontakt seine Lage auf dem Bildschirm schneller ändert. Hier gilt gegenüber Peilungen eine Umkehrung der Regel für die Reihenfolge der Abstandsmessung.

Bei Abständen sollten Sie seitlich gelegene Objekte zuerst berücksichtigen und vorn oder achtern liegende, deren Abstände sich viel schneller ändern, zuletzt.

Den Standort können Sie ohne Rechnerei in die Karte einzeichnen. Wenn Ihr Radargerät richtig eingestellt ist, lesen Sie den Abstand für den VRM ab, stellen ihn an einem Zirkel ein und zeichnen mit dem Objekt im Zentrum einen Kreisbogen auf die Karte.

Range Error – Abstandsfehler

Radar ist im Allgemeinen sehr gut für Abstandsbestimmungen geeignet. Eine mögliche Fehlerquelle ist aber eine Art Indexfehler, der aus einer Fehlabstimmung zwischen Sende- und Empfangszeit resultiert. Eine falsche Laufzeitermittlung der Radarimpulse ist die Folge, und der Fehler drückt sich in einem verkürzten oder einem verlängerten Abstand aus. Da der Fehler konstant ist, kann er leicht in kleinen Messbereichen bestimmt werden. Ein Fehler von 50 m ist in einem kleinen Messbereich auffällig, bleibt bei 20 sm Abstand aber unbemerkt.

Die Prüfung eines Indexfehlers machen Sie am besten, wenn Sie Ihr Boot in die Nähe eines Objektes mit langer gerader Kante bringen wie eine Brücke oder Hafenmole. Wenn sie einen Indexfehler im Radar haben, wird der zentrumsnahe Teil des Radarkontaktes verbogen sein: zum Zentrum hin oder vom Zentrum weg. In solch einem Fall müssen Sie im Gerätehandbuch nachsehen, wie Sie den Fehler korrigieren können. Viele neuere Radaranlagen erlauben eine elektronische Korrektur im Set-up-Menü.

Radarnavigation

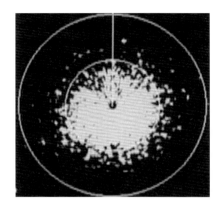

Das »schwarze Loch« im Zentrum des Radarbildes deutet auf einen Abstands- oder Indexfehler hin.

Eine Alternative, wenn auch etwas weniger zuverlässig, ist ein Test in Seegangsechos bei kleinem Messbereich. Wenn ein kleiner dunkler Kreis um das Zentrum herum auftaucht, wird eine Abstandsmessung immer etwas zu groß sein, nämlich um den Radius des kleinen dunklen Kreises im Zentrum. Leider können Sie im Seegang nicht feststellen, ob zu kurze Entfernungen gemessen werden.
Als dritte Methode bietet sich noch die Möglichkeit, zwischen zwei in der Karte verzeichneten Objekten hindurchzufahren und die gemessenen Distanzen zu beiden Objekten zu addieren. Wenn die Summe der am Radar gemessenen Distanzen nicht mit dem Maß in der Seekarte übereinstimmt, können Sie entweder den Indexfehler im Set-up-Menü berichtigen oder die Hälfte der gemessenen Differenz (entspricht dem Fehlerradius) bei jeder Abstandsmessung zur Korrektur anbringen.

Gemischte Standortbestimmung

Es gibt eigentlich keinen Grund, weshalb die Standlinien für eine Position alle demselben Verfahren entstammen müssen. Oft ist es vorteilhaft, optische Kompasspeilungen mit Radarabständen zu kombinieren, solange die genannten fünf Regeln beachtet werden.
Eine besondere Situation ist gegeben, wenn Sie nur eine Landmarke in Sicht haben. Die Versuchung ist groß, Abstand und Peilung mit dem Radar zu messen. Das

Gemischte Standortbestimmung

Ergebnis sieht auf der Karte gut aus, der Abstandsbogen schneidet die Peillinie immer in 90°, was einen zuverlässigen Eindruck macht. Durchaus möglich, dass das Ergebnis genau ist. Aber wenn Sie Ihr Objekt der Radarpeilung falsch gewählt haben, weil Sie versehentlich ein driftendes Fischerboot gepeilt haben, ist die ganze Ortsbestimmung falsch. Es ist viel besser, eine optische Peillinie mit einem Radarabstand zu kombinieren. Nicht nur, dass Sie die Vorteile jeder Methode nutzen, sondern Sie sehen bei der Gelegenheit auch, was Sie als Peilobjekt nutzen.

Ansteuerungen und enge Passagen
Die Fähigkeit des Radars, durch Dunkelheit und Nebel zu »sehen«, Abstände auf wenige Meter genau zu messen und die Verkehrslage wiedergeben zu können, macht es zu einem wertvollen Navigationsinstrument. Radar ist aber auch geeignet, wie die optische Navigation, genau und sicher durch enge Gewässer zu navigieren, wo das ständige Zeichnen von Standlinien unpraktikabel ist. Es gibt dazu verschiedene Methoden, wie z. B. der sichere Abstandsbereich (siehe Seite 192) und das Fahren auf der Kursparallelen (siehe Seite 194), beides aus der kommerziellen Schifffahrt übernommen.
Für kleine Fahrzeuge gibt es noch eine andere, einfache und etwas intuitivere Methode. Um einen Namen dafür zu benutzen, werden wir es die »Videospiel«-Methode nennen.

Ansteuerung mit der Videospiel-Methode
Das Prinzip der Methode ist der Navigation nach Sicht ähnlich, indem Sie sich eine Ansteuerungsmarke suchen, eine Tonne, eine Lücke zwischen zwei Inseln oder die nächste freie Wasserfläche, um darauf zuzuhalten. Bei einer Ansteuerung mittels Radar bedeutet das, Ihr Objekt der Ansteuerung auf dem Bildschirm zu identifizieren und den Kurs zu ändern, bis die Heading Mark auf den Kontakt zeigt. Für die Head-up-Darstellung passen Sie die Methode an, indem Sie in gewünschter Entfernung von einer Huk, mit einem Whiteboard-Marker eine Linie parallel zur Heading Mark durch den Kontakt der Huk einzeichnen. Dann brauchen Sie die Yacht nur so zu steuern, dass der Kontakt der Huk entlang der Markierunglinie parallel zur Heading Mark gleitet.
Die Videospiel-Methode ist völlig ausreichend, wenn Sie durch eine gut bezeich-

Radarnavigation

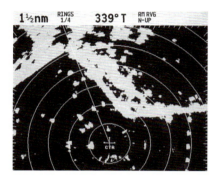

In einem gut bezeichneten Fahrwasser und bei wenig Winddrift und Strom ist die Radaransteuerung oft nur eine einfache Aufgabe, mit der Heading Mark die nächste Tonne voraus zu nehmen.

nete und erkennbare Passage laufen, aber sobald Sie viel Abdrift oder Stromdrift haben, sind Sie den gleichen Nachteilen ausgesetzt, die Sie bei der Navigation nach Sicht haben.
Bei einer klar bezeichneten Ansteuerung oder einer felsigen Hafeneinfahrt mit freiem Fahrwasser in der Mitte ist das Verfahren ausreichend, aber wo vor Flussmündungen unsichtbare Sandbänke im Weg liegen, ist die Videospiel-Methode nicht geeignet.

Sicherer Abstandsbereich
Eine etwas systematischere Methode ist das Fahren nach Abstandsringen. Das Verfahren ist im Grunde das gleiche, wie das Anlaufen in einem sicheren Sektor nach Sicht. Der Vergleich der rechtweisenden Peilung mit der vorgesehenen Grenz-

Sichere Abstandsbereiche können helfen, den Weg durch enge Passagen zwischen Untiefen zu finden.

Gemischte Standortbestimmung

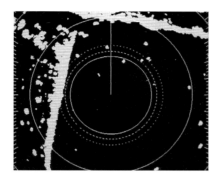

Mit zwei VRM wird ein sicherer Abstandsbereich eingestellt (gestrichelte Kreise). Mit Abständen anstelle von Peilungen ist diese Methode auch für den Head-up-Modus geeignet.

peilung zeigt, ob man auf der sicheren Seite ist. Sichere Abstandsbereiche machen die Orientierung noch einfacher. Wenn Sie z. B. einen Hafen wie in der Skizze links unten anlaufen wollen, müssen Sie die Sandbänke südöstlich der Einfahrt meiden. Es gibt eine Passage zwischen zwei Sandbänken, und auf der Karte erkennen wir, dass uns ein Abstand von 0,6 sm von den Untiefen in Richtung Land freihält. Die Sandbänke nördlich der Passage hätten wir damit gemieden, und wenn wir nicht weiter als 0,7 sm von der Küste bleiben, bekommen wir auch keine Probleme mit der weiter südlich gelegenen Untiefe.

Der richtige Weg durch die Passage ist dann durch zwei VRMs angezeigt. Bleibt die Küstenlinie im Bereich zwischen den beiden Abstandsringen, dann bleibt die Yacht in der sicheren Rinne zwischen den Untiefen.

Sichere Abstandsbereiche sind wie ein Geländer, an dem ein Fahrzeug sich entlanghangeln kann. Wenn Sie danach fahren wollen, müssen Sie aber ganz sicher sein, dass das »Geländer«, auf das Sie sich verlassen, auch zuverlässig hält.

Sollten Sie von Poole aus kommend in den Solent einlaufen und sich dabei für die sichere Nordroute (North Channel) entscheiden anstelle des berüchtigten Needles Channels (Seite 194 oben), gibt Ihnen ein Radarabstand von 0,4 sm einen sicheren Weg, frei von der Shingles Bank.

Es ist aber ein Riesenunterschied, wenn Sie sagen würden: Ich halte auf einen Punkt, 0,4 sm von der Küste entfernt, zu. Denn diese Anweisung führt Sie direkt in die Gefahr, die Sie meiden wollen.

Radarnavigation

Es ist ein riesiger Unterschied, ob Sie sagen: 0,4 sm Abstand von der Küste halten – oder: auf einen Punkt in 0,4 sm Abstand von der Küste zuhalten.

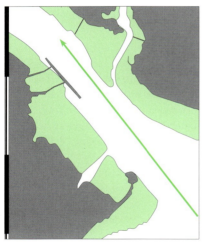

In der North-up-Darstellung können Sie mit dem Radar die Abweichung vom Sollkurs überwachen (Kursparallele – Parallel Indexing). Hier führt der Kurs 0,25 sm an der Anlegebrücke vorbei.

Kursparallele – Parallel Indexing
Wenn Sie eine Radaranlage mit zuverlässiger North-up-Darstellung haben, eröffnet sich Ihnen die Möglichkeit für ein weiteres, besseres Verfahren, mit dem Sie Ihren Sollkurs kontrollieren können. Das Verfahren wird auch mit dem englischen Begriff Parallel Indexing bezeichnet und nutzt die Tatsache, dass ein stabilisiertes Radarbild erlaubt, die Bewegung der Kontakte stationärer Objekte auf dem Radarschirm vorherzusagen.

Gemischte Standortbestimmung

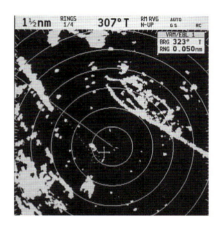

Eine bewegliche EBL, die parallel zum Sollkurs verläuft, nur 0,25 sm westlich der Kurslinie (gestrichelte Linie). Sie zeigt an, wo der Kontakt der Anlegebrücke auf dem Radarbild entlanglaufen soll. In diesem Bild zeigt die Heading Mark, dass wir weit Richtung Backbord vorhalten müssen, um einen östlich setzenden Tidenstrom auszusteuern.

Nehmen wir an, Sie laufen auf einem nordwestlichen Kurs, der 0,25 sm an einer Anlegebrücke vorbeiführen soll.
Sie können leicht erkennen, dass Sie, sofern Sie Ihren Kurs einhalten, irgendwann eine Viertelseemeile östlich der Anlegebrücke sein werden. Wenn Sie sich also nach Nordwesten bewegen, dann muss der Kontakt der Anlegebrücke auf dem Bildschirm sich scheinbar Richtung Südosten bewegen. Sie können die Bewegungsrichtung entweder mit einer EBL anzeigen oder mit einem Whiteboard-Marker auf den Bildschirm zeichnen.

> Falls Sie nicht auf das Glas des Bildgeräts zeichnen wollen, legen Sie eine dünne Folie über den Bildschirm, wie sie für Overhead-Projektoren benutzt werden, um darauf zu zeichnen.

Wenn es so weit ist, dass Sie sich in der Ansteuerung befinden, können Sie schnell erkennen, ob Sie sich auf der Kurslinie befinden, denn die Kante der Anlegebrücke wird die eingestellte Linie auf dem Bildschirm eben berühren. Solange Sie auf dem Sollkurs bleiben, wird der Kontakt der Anlegebrücke sich entlang der EBL nähern. Wenn Sie sich zu weit vom Sollkurs nach Steuerbord entfernen, wird die EBL sich von dem Kontakt der Anlegebrücke absetzen. Die Aufgabe ist also so zu steuern, dass die Kursparallellinie immer an der Kante zur Anlegebrücke bleibt. Das Ganze steht oder fällt mit der Frage, ob Sie die Kursparallele richtig einstellen, den Weg des Kontaktes also vorhersehen, und ob Sie das Objekt richtig identifizieren. Ihre Orientierungsmarke muss deshalb gut sichtbar und eindeutig identifizierbar sein. Es ist nicht sinnvoll, eine Tonne anzusteuern, die Sie in der Ferne nicht erkennen können, weil sie von anderen Booten verdeckt wird.

Die klassische einzelne Kursparallele
Wenn Sie Ihr Orientierungsobjekt ausgewählt haben, gibt es zwei Methoden, die Bewegung zu beschreiben.
Die erste ist die »klassische« Methode:
1. Zeichnen Sie Ihren Sollkurs in die Karte ein, und markieren Sie das Orientierungsobjekt.
2. Zeichnen Sie eine Linie parallel zum Sollkurs, die das Orientierungsobjekt berührt.
3. Messen Sie die Distanz zwischen den beiden Linien.
4. Stellen Sie auf dem Radar die VRM auf die in Punkt 3 gemessene Distanz ein.
5. Zeichnen Sie eine Linie, die den VRM-Kreis berührt und parallel zum Sollkurs verläuft.
6. Prüfen Sie, dass das Orientierungsobjekt Ihre gewählte Seite passieren wird (steuerbord/backbord) und dass Sie die Parallellinie auf derselben Seite haben.

Die Wegpunkt-Methode
Eine Alternative ist die Kombination mit GPS, wobei die Wegpunkte an den Änderungspunkten des Sollkurses liegen:
1. Zeichnen Sie Ihren geplanten Sollkurs in die Karte ein und markieren Sie Ihr Orientierungsobjekt.
2. Messen Sie die Entfernung und Peilung Ihres Orientierungsobjektes zum ersten Wegpunkt.
3. Messen Sie Entfernung und Peilung vom Orientierungsobjekt zum zweiten Wegpunkt.
4. Kennzeichnen Sie die unter Punkt 2 und 3 gemessenen Entfernungen und Richtungen auf dem Radar mit VRM und EBL.

Gemischte Standortbestimmung

5. Verbinden Sie die Markierungspunkte mit einer geraden Linie.
6. Prüfen Sie, dass das Orientierungsobjekt Ihre gewählte Seite passieren wird (steuerbord/backbord) und dass Sie die Parallellinie auf derselben Seite haben.

Mehrere Parallellinien
Viele Ansteuerungen bestehen aus engen Passagen mit mehreren Kursänderungen. Das macht für die Navigation mit Parallel Indexing kaum einen Unterschied: Sie ermitteln die Bewegungsrichtung des Kontaktes auf dem Bildschirm und steuern die Yacht so, dass der Kontakt der Parallellinie folgt.
Der einzige Unterschied besteht darin, dass an Wegpunkten, an denen der Sollkurs sich in der Karte ändert, auch die Parallellinie eine Richtungsänderung macht. Es spielt keine Rolle, auf welche Weise Sie Ihre Kursparallelen bestimmen, das Wegpunktverfahren ist aber wahrscheinlich etwas schneller.

> Zur Kontrolle drehen Sie Ihre Karte um, sodass Süden oben ist, und vergleichen die Gestalt Ihrer Sollkurslinien auf der Karte mit den Kursparallelen auf dem Radarbild: Sie sollten zueinander passen.

Risiko
Parallel Indexing ist ein mächtiges Navigationsverfahren, und wie alle guten Verfahren kann es in falschen Händen oder falsch angewendet gefährlich werden. Marinefahrzeuge nutzen es, wenn sie Häfen ansteuern oder verlassen, unabhängig von der Sicht, sodass sie sich immer darauf verlassen müssen, es wird eine viel geübte Routine. Aber trotzdem verzichten die Navigatoren nicht auf sichere Abstandsbereiche und Standortbestimmungen, wenn sich die Gelegenheit ergibt.

> Parallel Indexing bricht mit zwei Grundregeln:
> - Es verlässt sich auf Radarentfernungen und Peilungen von einem einzigen Objekt ohne unabhängige Prüfung.
> - Es verlässt sich auf Radarpeilungen, die anfällig für Fehler sind.

Der Skipper einer Yacht ist häufig der einzige kompetente Navigator und Radarkundige an Bord. Er wird sicher zu dem Schluss kommen, dass die Radarnavigation mit Parallel Indexing ein riskantes und Stress erzeugendes Verfahren ist. Tatsächlich werden hierfür zwei erfahrene und geübte Navigatoren benötigt, um die Vorteile sicher nutzen zu können.

Yacht-Bücherei

W. Stein
Bd. 1, Das kleine Sternenbuch
ISBN 978-3-87412-114-9

W. Stein / H. Schultz
Bd. 8, Wetterkunde
ISBN 978-3-87412-116-3

E. Sondheim
Bd. 9, Knoten – Spleißen – Takeln
ISBN 978-3-87412-171-2

J. Schult
Bd. 40, Segeltechnik
ISBN 978-3-87412-101-9

E. Twiname / B. Willis
Bd. 54, Die Wettfahrtregeln – Segeln 2005 – 2008
ISBN 978-3-87412-174-3

H. Donat
Bd. 55, Bootsmotoren
ISBN 978-3-87412-102-6

B. Schenk
Bd. 60, Hafenmanöver
ISBN 978-3-87412-137-8

H. Donat
Bd. 81, Schiffe aus zweiter Hand
ISBN 978-3-87412-126-2

J. F. Muhs
Bd. 84, Yachtelektrik
ISBN 978-3-87412-108-8

P. Schweer
Bd. 86, Das optimal getrimmte Rigg
ISBN 978-3-87412-127-9

W. Stein / W. Kumm
Bd. 88, Astronomische Navigation
ISBN 978-3-87412-138-5

W. Stein / W. Kumm
Bd. 91, Navigation leicht gemacht
ISBN 978-3-87412-110-1

A. Bark
Bd. 92, Kollisionsverhütungsregeln
ISBN 978-3-87412-111-8

D. v. Haeften
Bd. 100, Sturm – was tun?
ISBN 978-3-87412-140-8

C. W. Schmidt-Luchs
Bd. 108, Angeln von Bord
ISBN 978-3-87412-149-1

B. Webb / M. Manton
Bd. 113, Internationales Yachtwörterbuch
ISBN 978-3-87412-151-4

M. Schult
Bd. 128, Bootspflege selbst gemacht
ISBN 978-3-87412-169-9

H. A. Wychodil
Bd. 131, Recht an Bord
ISBN 978-3-87412-175-0

T. Bartlett / W. Kumm
Radar in der Sportschifffahrt
ISBN 978-3-87412-177-4

Erhältlich im Buch- und Fachhandel
oder unter www.delius-klasing.de